食在宋朝

舌尖上的大宋

李开周　著

四川文艺出版社

图书在版编目（CIP）数据

食在宋朝：舌尖上的大宋 / 李开周著. — 成都：四川文艺出版社, 2019.5

ISBN 978-7-5411-5402-7

Ⅰ. ①食… Ⅱ. ①李… Ⅲ. ①饮食—文化史—中国—宋代 Ⅳ. ①TS971.2

中国版本图书馆CIP数据核字（2019）第075414号

SHIZAI SONGCHAO : SHEJIANSHANGDE DASONG

食在宋朝：舌尖上的大宋

李开周 著

责任编辑 张亮亮
封面设计 叶 茂
内文设计 史小燕
责任校对 蓝 海
责任印制 喻 辉

出版发行 四川文艺出版社（成都市槐树街 2 号）
网 址 www.scwys.com
电 话 028-86259287（发行部） 028-86259303（编辑部）
传 真 028-86259306

邮购地址 成都市槐树街 2 号四川文艺出版社邮购部 610031
排 版 四川最近文化传播有限公司
印 刷 四川机投印务有限公司
成品尺寸 146mm × 210mm 开 本 32 开
印 张 8 字 数 180 千
版 次 2019 年 5 月第一版 印 次 2019 年 5 月第一次印刷
书 号 ISBN 978-7-5411-5402-7
定 价 42.00 元

目 录
CONTENTS

\开场白\

你会喜欢宋朝美食吗?

我老家开封有一个培训机构，给新上岗的导游办班，让我去讲两堂课，题目是“宋朝美食与旅游推广”。

宋朝美食我拿手，近些年一直在搜集宋朝食谱，一直在钻研宋朝烹饪，虽说没能在这个领域取得什么成就，毕竟下了十几年苦功。至于旅游推广，对不起，任何一个导游都比咱门儿清。

所以呢，我不管旅游推广，专讲宋朝美食。考虑到听众不是厨师，而是导游，对文化的需求超过厨艺，对故事的需求又超过文化，所以在那天课堂上，我讲了很多故事。例如黑脸包公怎样正言厉色给下属灌酒，例如苏东坡怎样误打误撞调出鸡尾酒，例如李清照有没有可能制作金华火腿，例如范仲淹的亲家公最爱吃什么菜，例如宋太祖的爸爸为什么会为了一个烧饼大发雷霆……诸如此类跟饮食沾边儿的八卦故事，大伙听得很开心。

末了讲到宋朝皇帝一般都吃什么菜，有人举手提问，问了一个比较严肃的问题：咱们开封小吃那么多，哪些是从宋朝传下来的呢？

我掰着指头数了数，非常沮丧地告诉他：很少，非常少。

去我们开封吃过夜市的朋友都知道，当地小吃无非是炒凉粉、红薯泥、花生糕、羊双肠、黄焖鱼、灌汤包、鲤鱼焙面、羊肉炕馍之类。其中炒凉粉是红薯凉粉，宋朝还没有红薯呢！花生糕的主料自然是花生，宋朝也没有花生啊！红薯、花生、番茄、辣椒、玉米、烟草，原产地统统都在美洲，要等到哥伦布发现新大陆以后才传入欧洲，再等到欧洲殖民者侵入东亚以后才传入中国，宋朝人是没有福气见到这些食材的。至于鲤鱼焙面，尽管造型惊艳，犹如鲤鱼穿上蕾丝袍，我们还给它取了“黄袍加身”的美名，但是开封饮食界有一个老前辈明确跟我说过，这道菜是从清朝末年才开始研制的，宋朝肯定没有。

开封灌汤包的名头不如扬州汤包响亮，不过做法很有特色。特别是开封第一楼的灌汤包，那“汤”既非皮冻，亦非蟹膏，而是打到肉馅儿里的芝麻油，所以吃起来特别香，放凉了也有汁儿。第一楼为这种汤包申遗的时候，将其源头追溯到宋朝笔记《东京梦华录》里的“王家山洞梅花包子”。实际上，宋朝人所说的“馒头”才是包子，当时的“包子”是用菜叶裹馅儿的菜包。更要命的是，王家山洞梅花包子摆明是梅花造型，而现在开封灌汤包的褶口却是菊花造型。两宋三百年，饮食兴旺，美食琳琅，可是现存文献中载有具体做法的食物最多只剩百余种，其中不包括这道“王家山洞梅花包子”。我们只知其名，不知其法，硬将现代汤包往一种不是包子的宋朝食物上靠，有蒙事的嫌疑。

当然，历史是历史，美食是美食，古代是古代，现代是现代，尽管我老家的灌汤包以及其他很多标明传自宋朝的小吃都跟宋朝无关，我还是喜欢这些小吃，并非常真诚地邀请所有好朋友到开封来品尝。是的，它们并非来自宋朝，可是这跟味道好不好有什么关系呢?

大家都吃过东坡肉吧？一直以来，人人都说它是苏东坡发明的，是地地道道的宋朝美食。可是翻遍《三苏全书》，翻遍苏东坡的诗词、信札、笔记和寓言故事，你绝对找不到任何一种东坡肉做法。苏东坡倒是亲手做过肉，做的是猪头肉，方法非常简单，大锅猛煮而已，小火慢炖而已。用苏东坡撰写的《猪肉颂》和《煮猪头颂》去“复原”他做的猪头肉，远远没有现在的东坡肉好吃，更没有东坡肉好看。

很多朋友都喜爱杭州名吃“西湖醋鱼”，又名“宋嫂鱼”，据说它也是宋朝美食，是南宋一个名叫宋五嫂的渔妇发明的。传说宋五嫂年轻守寡，貌美如花，被游赏西湖的宋高宗看中，想纳她入宫为妃，她严词拒绝，让皇帝吃了闭门羹。事实上，这个宋五嫂只是北宋末年逃到杭州的开封老太太，年龄比宋高宗都大，没有别的手艺，在西湖岸边卖鱼羹为生。宋高宗确实尝过她的鱼羹，赞不绝口，让她在杭州饮食界突然走红，生意好得不得了。但是她当年售卖的鱼羹与现在杭州的西湖醋鱼有任何关系吗？绝对没有。鱼羹是喝汤的，西湖醋鱼是喝汤的吗？

近些年文化复兴，历史升温，为美食打上文化的粉底，穿上历史的袍子，编造一些四六不靠的民间传说，有助于“申遗”，有助于让人们在品尝美味的同时，获得一些虚头巴脑的精神享受，仿佛真的穿越千年，与祖宗同呼吸共命运了。文化包装在饮食行业方兴未艾，全国皆然，咱们不妨像看电视剧一样来欣赏——电视剧只要故事好看就行，不需要尊重历史，只要你把故事编得圆，把张飞演绎成美女都无所谓。

作为一个研究历史的吃货，我喜欢好吃的食物，也喜欢真实的历史，我知道现在的美食有多么好吃，也知道宋朝的美食究竟是什么样子。坦白讲，把真正的宋朝美食端到现代人的餐桌上，现代人未必喜欢。

四川绵阳有一家书店，一楼卖书，二楼卖饭。前年拙著《宋朝饭局》上市，这家书店根据书里描述的做法，开发了一系列宋朝美食。店主很聪明，对菜品做了一些改良。也就是说，为了迎合今人口味，他没有完全遵循宋朝做法。为什么不完全遵循宋朝做法呢？因为宋朝没有辣椒，而一桌没有辣椒的菜肯定无法吸引今日四川的顾客。

香港旺角有一家粤菜馆子，主厨是我的读者，也曾按《宋朝饭局》开发菜品，港媒有报道。刚开始有噱头，顾客盈门，后来慢慢就被遗忘了——主厨太尊重历史，除了炊具和餐具用现代的，食材搭配与烹饪手法全照宋朝模式来，味道不行。

今年初夏，台北信义也有一家饭店按《宋朝饭局》开发“飨宋宴”，将书里介绍的鲨鱼皮、羊头签、青鱼子、田鸡菜、橙瓮、肉生、馎饦、馉饳、毕罗、拨鱼儿等菜品与主食一一复现，根据造价高低分成三种宴席，从新台币三万元到四千元不等。我的版权经纪人前去品尝，发现顾客很少。第一，定价太贵，不亲民；第二，并没有想象中那么美味，远远比不上石斑鱼和佛跳墙。

我自己早就尝试着做一些宋菜，并请朋友一起享用。去年还在一个美食综艺节目中现场还原宋代甜品“荔枝膏”，让京城美食界几位大牛评点。反响如何呢？我只能老实交代说：惨被打脸。并非我厨艺太差，也不能说所有宋菜都不好吃，只能说它们符合宋朝人的口味，不太符合现代人的口味。

从大历史的眼光看，口味变化是很快的。沈括在《梦溪笔谈》中说过："大抵南人嗜咸，北人嗜甘，鱼蟹加糖蜜，盖便于北俗也。"南方人一般喜欢咸味，北方人一般喜欢甜味，做鱼做蟹时加糖加蜜，是为了迎合北方人口味。现代人听了沈括这句话，一定觉得乾坤颠倒：不对啊，南方菜偏淡，北方菜偏咸，烧菜放糖，明明是南方特色嘛！其实沈括说的没错，宋朝时南方人的口味恰恰像今天北方人的口味，今天北方人的口味恰恰像宋朝南方人的口味。

抛开口味差异不谈，单论烹饪，我认为现代人一定胜过宋朝人，现代厨师一定超越宋朝厨师。

首先，我们的食材比宋朝更加丰富，可供利用的品类更多。辣椒、番茄、花生、土豆、玉米、南瓜、番薯、花椰菜、莜麦菜、西兰花、荷兰豆、西葫芦、猕猴桃……这些植物统统是在明朝以后才陆续移民到中国，宋朝人见不到。

其次，我们的炊具比宋朝更加便利，电烤箱、电磁炉、榨汁机、料理机，用起来多么方便！宋朝没有嘛！记得有一年我在节目上还原宋代甜品荔枝膏，还像宋朝人那样用杵臼研磨荔枝，费了好长时间才把荔枝肉磨成糊，主持人当时就说："用榨汁机不是更方便吗？"确实如此，现在很多机器都能代替人力，甚至比用人力加工效果更好。如果您认为剁饺子馅儿的时候，用刀比用绞肉机绞出来的馅儿好得多，我不反对，但是我坚信在不远的将来，市面上一定会出现更加科学的打馅儿设备，最终将人力打馅儿变成历史。

既然现代比古代先进，现代食材比古代食材丰富，现代口味已经不同于宋朝口味，那我干吗还要研究宋朝美食呢？因为它是历史，生猛鲜活的历史。历史不能吃，也不能喝，对现实生活也未必有什么参考价值，可是它就像你家阳台上的盆景一样，可以让你开心快乐，怡然自得。

第一章

穿越须知

那些在宋朝吃不到的食物

南宋有两部地方志很出名，一部叫《咸淳临安志》，写的是杭州；一部叫《淳熙三山志》，写的是福州。如果您看过这两部地方志，您会知道宋朝人拥有的食材非常丰富，凡是今天有的，那时候差不多都有。

萝卜、白菜、茄子、黄瓜、芹菜、韭菜、芥菜、菠菜、生菜、芫荽、瓠子、紫菜、扁豆、蚕豆、大葱、小葱、大蒜、小蒜……这些蔬菜在宋朝的菜市场上都能买到。

橘子、香蕉、苹果、葡萄、荔枝、栗子、橄榄、橙子、杨梅、枇杷、柿子、核桃、杏、枣、梨、桃……这些水果在宋朝的果子店里也都能买到。

猪肉、羊肉、牛肉、鸡肉、鸭肉、鹅肉、兔肉、鹿肉、鹌鹑肉，还有各种各样的鱼虾，各种各样的海鲜，统统都是宋朝人的口中食。当然，羊肉在宋朝比较短缺，价格比较贵，但是现在的羊肉也很贵，虽然并不短缺。

总而言之，宋朝时期的食物种类很多，跟今天很接近。

但是也有一些东西是在宋朝见不到的。

金庸先生写《射雕英雄传》，开篇第一回，南宋中叶，杭州郊外，两个农民请一位说书先生去一家乡村酒店喝酒，店小二“摆出一碟蚕豆、一碟咸花生、一碟豆腐干，另有三个切开的咸蛋”，四个下酒菜，至少有一个是跟历史背景相违背——宋朝人不可能会用花生做下酒菜，因为花生是外来物种，要到明朝才能从美洲引进到中国。

开封有一种小吃叫“花生糕”，是用花生、白糖和糖稀加工的点心，个别商家为了吸引顾客，往包装盒上印了几个字：“大宋宫廷御膳”。这肯定违背历史，因为宋朝没有花生，不可能会有花生糕。不可否认，宋朝海外贸易发达，特别是南宋，跟几十个国家有贸易往来，但是那些海船的航行路线只限于亚洲，离出产花生的美洲还差得很远。

同样道理，宋朝人也见不到土豆、玉米、辣椒、番茄和红薯，因为它们也是在明朝从美洲引进到中国的。所以当我们穿越到宋朝，去餐馆点菜的时候，就不要再点土豆炒肉、松仁玉米、辣子鸡丁、清蒸红薯泥和西红柿炒鸡蛋了，店老板累死也弄不来这些菜，除非从海外空运，可您知道，宋朝没有飞机。

现在四川人和湖南人都爱吃辣椒，开遍全国的川菜馆子更离不开辣椒，很难想象要是没有辣椒的话，四川人民和湖南人民怎么活，那些生意红火的川菜馆子怎么活。可是宋朝确确实实没有辣椒，宋朝川湘两地的老百姓依然活得很好，而且宋朝居然已经有了川菜这个菜系。因为宋朝有川椒（花椒的一种，青黑色，口味麻辣，有一种浓重的辛香），宋朝人民用川椒代替了辣椒。

宋朝也没有南瓜和洋葱，这两样东西当然也是外来物种，是什么时候引进的呢，暂时没有明确考证。有人说是打元朝传过来的，有人说要到清朝末年才走进国门。不管怎么说，反正宋朝没有。

现在小女生喜欢嗑瓜子，主要是葵花子，也就是向日葵的种子。宋朝女生没这个福气，向日葵也是美洲植物，大概要到明朝后期才开始在中国种植。宋朝人平时也嗑瓜子，嗑的主要是甜瓜子，南宋中后期还可以嗑上西瓜子，如果想嗑葵花子，对不起，这个要求太高。

豆角在宋朝能不能见到？能，但只有豌豆角和豇豆角，没有今天最常见的那种又圆又长的菜豆角，也没有芸豆角，也就是那种像爬山虎一样爬满墙壁的四季豆。四季豆在明朝引入中国，菜豆角最迟在清朝末年才开始进入寻常百姓家。

再说水果。

可以肯定的是，宋朝没有菠萝，因为菠萝也是在明朝来到咱们这儿。假如宋朝的水果批发商非要从海外进口菠萝，由于航运时间过长以及缺乏先进的水果保鲜技术，菠萝会在半路上彻底烂掉。

宋朝也没有苹果。长江以南有一种植物，结的果实跟苹果有点儿像，但它不是苹果，个头偏小，永远都长不红，熟了以后，果皮是白色的，果肉很软，甜度不高。这种水果在南宋水果摊上能见到，今天称之为“绵苹果”。绵苹果不算是真正的苹果，咱们现代人吃的苹果都是清朝以后从美洲引进的。现在超市里出售的那些“红富士”“黄香蕉”“国光”“秦冠”，更是新中国成立后才有的品种，宋朝人民没尝过，也没见过。如果您想讨东道主喜欢，建议您穿越宋朝的时候带一筐苹果过去。

宋朝人习惯把甜瓜和西瓜划到水果一类，当时甜瓜很流行，西瓜出现的时间稍微晚了一点。在北宋统治区内，没有人种植西瓜。到了南宋初年，一个名叫洪皓的大臣去金国出差，回去时捎走一包西瓜种，回到家乡以后试种、推广，西瓜才在宋朝疆域内生根发芽。（参见洪皓《松漠纪闻》）

好在西瓜推广的速度很快，南宋建国以后不到三十年，西瓜就在江南和淮北广泛种植了。陆游的老上司范成大写过一首诗，头两句就是“碧蔓凌霜卧软沙，年来处处食西瓜”，说明西瓜成了很常见的水果。

金庸先生在《射雕英雄传》里写过一段跟西瓜有关的故事：郭靖被西毒欧阳锋打成重伤，黄蓉带他去牛家庄治病，怕口渴，向村民买了一担西瓜。这段故事发生在南宋中叶，所以很可信，如果发生在北宋，让《天龙八部》里的北乔峰、南慕容也去买一担西瓜，那就不符合历史事实了。

最后我们再说说宋朝的食用油。

现代人吃的食用油主要是植物油，其中又以大豆油为大宗。宋朝有没有大豆油？没有。宋朝人会做豆腐，会做豆芽，会做豆豉，会做豆酱，就是不会榨豆油。早在南北朝，就有人知道大豆里面含有油脂，但是受技术所限，到了宋朝也没能发明大规模压榨豆油的工艺。

宋朝的植物油主要是菜籽油，其次是芝麻油。芝麻油的历史比菜籽油悠久得多，最迟在汉朝已经流行，可是芝麻油的生产成本要比菜籽油高得多，所以宋朝老百姓一般用菜籽油炒菜，芝麻油是拌菜时候用的，拌一盆凉菜，滴两滴芝麻油就行，用多了会心疼。少数有钱的官僚搞养生，早上起来会喝一口芝麻油，穷人没这个福气，太浪费钱了。

除了芝麻油和菜籽油，宋朝的植物油里还包括蔓菁油和莱菔油。莱菔就是萝卜，用萝卜种子榨油是宋朝人的发明。

色拉油在宋朝肯定见不到，因为色拉油需要精炼，宋朝缺乏精炼的工艺。

动物油不需要压榨，更用不着精炼，提取动物油的难度比提取植物油小得多，所以动物油在宋朝很流行。

在魏晋南北朝，在隋唐和五代十国，动物油要比植物油便宜得多，穷人做菜，只配用动物油，用不起植物油。

北宋初年有个叫徐铉的人讲过一个故事，说庐山脚下有个卖油的，待他的老母亲很孝顺，却被雷劈死了。老母亲认为儿子死得太冤，质问天神："我儿子是个孝子，为什么会遭雷劈？难道老天爷不长眼吗？"天神托梦给她说："你儿子卖的是植物油，为了降低成本，却把动物油掺进去骗人，像这种奸商，我不劈他劈谁！"（参见《稽神录》卷一《卖油者》）

为什么把动物油掺到植物油里可以节省成本？正是因为植物油太贵，动物油太便宜。

由于动物油便宜，所以宋朝以前主要用动物油做菜。大家都知道，动物油不适应高温，油温一高就糊了，菜肴的颜色会变黑，整个房间里都会充满难闻的气味，故此动物油不适合炒菜。也正是因为这个原因，古人烹调菜肴的方式以蒸煮和烧烤为主。只有到了宋朝，随着榨油技术的进步，植物油逐渐普及，炒菜才跟着普及。

综上所述，宋朝没有番茄，没有土豆，没有玉米，没有红薯，没有辣椒，没有葵花子，没有苹果，没有菠萝，没有大豆油，没有色拉油，连西瓜都要到了南宋才能吃到，好像挺不值得穿越似的。但是请您留意，刨去这些没有的食物种类，宋朝的食材仍然很丰富，换句话说，那些没有的只是非主流，不影响大局，不影响我们在宋朝生活的舒适度。

从一日两餐到一日三餐

假如大伙想回到宋朝吃顿大餐，千万不要赶在中午去，因为宋朝好多饭店是不卖午餐的。

翻开《东京梦华录》第八卷，有这么一句话："至午未间，家家无酒，拽下望子。"午未就是午时到未时，也就是上午十一点到下午三点。望子就是饭店门口挑着的旗子，把这杆旗拽下来，表示打烊，不再营业。

搁咱们今天，上午十一点到下午三点这段时间刚好是吃午饭的时间，公私饭局一般都在这个时间段举行，大小饭店生意兴隆，正是挣钱的好时机，可为什么宋朝的饭店不卖午餐，到了生意最好的时候偏偏打烊呢？

原因很简单：大部分宋朝人没有在中午请客吃饭的习惯。

从东周到隋唐，中国人一直延续着一个老传统：每天只吃两顿饭，一顿早饭，一顿晚饭。早饭吃得不算早，一般在上午九点左右开饭；晚饭吃得也不算晚，一般在下午四点左右刷碗。中午那顿饭怎么办？不吃，绝大多数人都不吃。

从唐朝中后期开始，一天两顿饭的老传统被慢慢打破，定居在长安城的老外和一小部分中国贵族开始吃午餐。但是他们属于非主流，大部分中国居民还是继续坚守着一日两餐的饮食习惯。

到了宋朝，吃午餐的人就更多了，可以说超过一半的城市居民都开始吃午餐。比如说《水浒传》里武松在县衙上班，每天早起去衙门值班，八九点钟回到家，他嫂子潘金莲一准给他做好了早饭，有一天武松回来晚了，“直到日中未归”，到家后潘金莲问他：“奴等一早起，叔叔怎么不归来吃早饭？”武松说：“便是衙里一个相识请吃早饭。”潘金莲赶紧又给武松做了一顿午饭。后来武松杀了潘金莲，充军发配到孟州，在牢城营里受到“金眼彪”施恩的款待：“天明起来，送来一大碗肉汤，一大碗饭；坐到日中，又送来四般果子、一只熟鸡、许多蒸卷儿、一注子酒；到晚又是许多下饭。”《水浒传》是元末明初的作品，但是这段描写非常贴近宋朝的风俗——部分宋朝市民已经学会吃午饭，已经从一日两餐变成一日三餐了。

南宋著名诗人陆游的好朋友范成大有一回请客，请帖上是这么写的：“欲二十二日午间具饭，款契阔，敢幸不外，他迟面尽，右谨具呈。中大夫提举洞霄宫范成大札子。”这段话的意思是说，我想在二十二号那天中午组织一个饭局，请您千万不要见外，务必大驾光临。由此可见，宋朝已经有人在中午请客吃饭了，就跟咱们现代人一样。

但是传统的力量实在太强大，宋朝统治了三百多年，期间从一日两餐变成一日三餐的群体始终只限于贵族、富商和一部分市民，而在广袤的农村，在中小城市，在俸禄较低的基层官场，甚至在宫廷里面，仍然保留了一日两餐的老规矩。

南宋有个文化人叫方回，他用一句话概括了当时老百姓的饮食习惯："人家常食百合斗，一餐人五合足矣，多止两餐，日午别有点心。"合是容量单位，宋朝一合相当于现在六十毫升，能装一两大米。方回的意思是说，一般家庭一天只吃早晚两顿饭，每人每顿大约要吃掉五两大米，如果中午实在饿得受不了，就吃些点心充饥。

"点心"这个词在宋朝很流行，它的含义跟现在区别很大。现代人说的点心，主要指饼干、糖果、巧克力等零食，而宋朝人说的点心主要是指加餐。为什么要加餐？因为只吃早晚两顿，中间会饿，需要给饥饿难耐的肠胃来点儿食物。事实上，点心本来不是名词，而是一个动宾词组：点是动词，意思是安慰，心是宾语，意思是胃（宋朝人管胃叫"心骨咀儿"，今日中原地区仍然沿用这一叫法），点心合起来就是用一些非正式的饭菜来安慰饿极了的胃。

在宋朝，点心一词所包括的食物实在太多。早上熬一锅米粥没有吃完，中午饿了来上一碗，这碗剩粥就是点心。晚上蒸一条鲤鱼没有吃完，夜里加班感到饿了，把剩下的半条鱼吃完，这半条剩鱼也是点心。走路的旅客错过了上午九点和下午四点的传统就餐时间，中间饿了，在路边小饭馆里打尖，老板娘端出来一盘肉包子，这盘肉包子也属于点心。总而言之，凡是在早餐和晚餐两顿正餐以外所吃的一切食物，都可以叫点心。

聊完了点心的来历，咱们接着再说宋朝人的饮食习惯。

前面说过，很多宋朝老百姓每天只吃早晚两餐，不吃午饭，其实一些官员也是如此。宋朝高薪养廉，中高层干部有工资有奖金，有餐饮补贴有服饰补贴，有办公补贴有岗位补贴，收入水平超过以往任何朝代，但是这种高工资高福利的待遇只能被中高层干部享受到，基层官吏如果不贪污的话，其收入水平“不足以代耕”，连种地的都比不上。既然基层官员收入太低，所以他们过日子必须省吃俭用，为了节省燃料，中午决不打火做饭，跟很多老百姓一样只吃早晚两顿。

南宋短篇小说集《夷坚志》里提到豫南鲁山县三鸦镇的一个镇长，“俸入不能给妻孥”，工资收入不够养活老婆孩子，他写诗诉苦：“二年憔悴在三鸦，无米无钱怎养家。每日两餐唯是藕，看看口里出莲花。”意思是我当了两年镇长，穷得整天只吃两顿饭，而且这两顿饭还都是素的，不舍得买一两肉，比庙里的和尚都清苦。

该镇长一日两餐是生活所迫，也有人是主动选择不吃午饭。例如苏东坡的好朋友张天觉，晚年为了养生，“日阅佛书四五卷，早晚食米一升、面五两”（《容斋四笔》卷二《张天觉小简》）。每天看看佛经，早上和晚上各吃一顿饭，加起来只吃一升米和五两面。

陷害岳飞的那个投降派皇帝宋高宗，据他自己说，即位以后也是每天只吃两顿饭。他对大臣们说：“朕不太喜欢女色，饮食上也很俭省，每天早上吃一个烧饼，晚上吃一碗面条，中午不吃，饿了练练书法，忍一忍就过去了。”（参见《清波杂志》卷一《思陵俭德》）我不知道宋高宗的话是真是假，如果是真的，我觉得想减肥的朋友可以向他学习，只不过不要省去中午那顿饭，应该省掉晚上那顿，早上吃饱，中午吃好，晚上一点儿都不吃。

也许很多朋友会觉得宋高宗的话太假，他是皇帝，怎么能跟很多基层官吏和穷苦百姓一样不吃午饭呢？不过我倒认为宋高宗很可能没有说谎，因为宋朝宫廷里有个规矩：御厨房每天只能准备早饭和晚饭，午饭是不允许做的，除非皇帝特旨让做。（参见《宋会要辑稿》方域四之七）为什么会有这个规矩？原因暂时不明。我估计一是因为宋朝皇帝因循守旧，不想改变延续了一两千年的饮食习惯，二是为了节省开支——御厨房不做午饭，至少可以少生一顿火，把燃料和人工省下来。那位说了，皇帝富有四海，要什么有什么，干吗要节省开支？再说节省这么一点儿开支又有什么用？请您留意，古代明君一举一动都是在给天下臣民做表率，皇帝带头节俭，有利于整个社会养成艰苦朴素的优良作风。

其实也不光宋朝皇帝每天只让御厨做两顿饭，清朝皇帝也一样。据章乃炜先生《清宫述闻》考证，清朝御膳房每天只供应一顿早餐、一顿午餐，早餐在卯正二刻也就是早上六点半做好，午餐在午正二刻也就是中午十二点半做好，晚餐呢？不需要做。又据《清稗类钞·饮食类》记载，康熙曾经对大臣说："尔汉人一日三餐，夜又饮酒。朕一日两餐，当年出师塞外，日食一餐。"意思是说当时老百姓已经习惯了一天吃三顿饭，但是他身为皇帝，每天却只吃两顿饭，出兵打仗的时候甚至一天只吃一顿饭。

乍一听，好像宋朝皇帝和清朝皇帝都很艰苦朴素，其实不然，无论宋朝还是清朝，大部分统治者一天都要吃好几顿。例如垂帘听政的西太后慈禧，每天至少吃五顿，宣统皇帝肠胃虚弱，少食多餐，有时候一天吃六顿。宋朝的皇帝名义上一日两餐，实际上在早晚两顿正餐以外还要吃其他东西。宋朝皇帝管早饭和晚饭叫“正膳”，管午饭叫“点心”，管其他时间吃的饭叫“泛索”。

譬如说上完早朝吃一顿，到了下午四五点钟再吃一顿，这就是两顿正膳。中午不吃会感到饿，又不想像宋高宗那样靠练习书法来抵抗饥饿感，就吩咐太监去街上买些小吃当点心（宋真宗、宋仁宗和宋孝宗都对宫外的小吃偏爱有加）。晚上如果加班批示文件，睡得晚了，还会感到饿，再吩咐太监或者某个嫔妃开个小灶，做一碗夜宵，这就叫泛索。正膳、点心、泛索，三项加起来，一天当中可能要吃上五顿饭甚至六顿饭！所以千万不要以为御厨每天只做两顿饭，皇帝就只吃两顿饭，那都是做样子给外人看的。

瓷器为什么不上席

在收藏界，宋朝的钧瓷很受推崇。人们常说："家产万贯，不如钧瓷一片。""钧瓷挂红，价值连城。"一个钧窑盘子能拍到几千万的天价。

但是在宋朝，人们并不把钧瓷当回事儿。宋朝人收藏青铜器，收藏玉器，收藏古钱，收藏秦砖汉瓦，就是没有人收藏钧瓷。河北出土过一些白釉刻花莲瓣碗，地地道道是宋朝烧造的钧瓷，造型很精致，釉色很好看，如果拿出去拍卖，至少能卖五千万元，可是你知道它这种钧瓷大碗在宋朝卖多少钱吗？碗底上刻着价钱呢，"叁拾文足陌"，定价只有三十文钱。三十文钱够干什么？最多只能在东京汴梁买一斗小麦。（参见《西塘集》卷一《开仓粜米》）

钧瓷在宋朝为什么如此便宜？两方面原因：一是因为烧造得太多，不稀罕；二是因为宋朝的上流社会不喜欢钧瓷，把钧瓷当成下等货。

宋朝五大官窑，八大民窑，什么汝窑、官窑、哥窑、磁窑、定窑、钧窑……其中就数钧窑烧造的时间最长，分布的窑址最广，所以钧窑产品在宋朝是最典型的大路货，没什么可稀罕的。

常言说，物以稀为贵，数量一多，大家就不稀罕了，不稀罕的东西怎么会贵得起来呢?

其实不光钧瓷，所有官窑和民窑烧造出来的瓷器在宋朝人心目中都不是什么宝贝。

在家具陈设上，宋朝有瓷枕、瓷灶、瓷质的镇纸和砚台，这些东西的售价非常低廉，只有清官和穷人使用，有钱人向来鄙视它们。

在饮食器具方面，宋朝有瓷杯、瓷碗、瓷瓶、瓷壶、瓷盆、瓷筷、瓷勺，它们只在老百姓家里出现，真正的富人根本不屑于使用瓷器来吃饭喝酒。

《宋史》第一百一十三卷有一段描述，说北宋皇帝大宴群臣，高级官员在大殿里就座，中级官员在偏殿里就座，低级官员只能去外面走廊里吃饭。吃饭的地方分着等级，吃饭用的餐具也分着等级：大殿里的高级官员用金杯金碗，偏殿里的中级官员用银杯银碗，走廊里的低级官员用铜杯铜碗。有用瓷杯瓷碗的没有？一个都没有，因为皇家宴席上绝对不可能出现瓷器，瓷器跟狗肉一样上不了席。

“狗肉不上席”这句民谚是宋朝开始流行的，因为宋朝的士大夫不吃狗肉。为什么不吃？一是因为大家爱狗，拿狗当宠物，“不忍食其肉”（苏东坡语）；二是因为嫌狗太脏（宋朝的狗大多吃屎，比较恶心，参见《宋元小说家话本集·三现身》）。

《东京梦华录》罗列宫廷餐具，只提各种各样的金银器，最次的就是红漆木盘，瓷器一个都没有。《夷坚志》描绘南宋小康之家招待宾客所用的酒具：“手捧漆盘，盘中盛果馔，别用一银杯贮酒。”木盘盛饭，银杯盛酒，连木盘都比瓷盘高级得多。开封府州桥下有一个王家酒楼，招待顾客分三六九等，最上等用金盘盛菜，其次用银盘盛菜，再次用木盘盛菜，最差才用瓷盘。

宋朝上流社会不用瓷杯喝酒，不用瓷碗装饭，不用瓷盘盛菜，但是，他们却喜欢用瓷瓶装酒。

宋朝人把酒分为三种：春天酿造，秋天出售，这种酒叫“小酒”；冬天酿造，夏天出售，这种酒叫“大酒”；酿造好以后，再密封起来，窖藏很多年，然后再拿出来喝，这种酒叫“老酒”。小酒跟大酒的酿造时间短，卖的时候一般都未经过滤，酒里残留着很多酒糟，喝的时候需要用酒筛子过滤一下，《水浒传》里常说“筛酒”“筛两碗酒”，就是用酒筛子过滤小酒和大酒。老酒的酿造时间长，窖藏以前已经过滤得很干净了，可以装到细口长颈的酒瓶子里，贴上商标，上市销售。

唐朝人喜欢用铜樽装酒，那时候铜里面都含有大量的铅，时间一长，铜和铅都会溶到酒里面去，喝了容易中毒。而且樽的口儿太大，直接往酒杯里倒，容易洒出来，必须用勺子舀，很麻烦。宋朝人喜欢用瓷瓶装酒，当时管瓷质的酒瓶叫“经瓶”（现在收藏界称之为“梅瓶”），经瓶的口儿很小，密封很严实，倒酒无须用酒壶和勺子，直接就能倒进杯子里去。更重要的是，瓷器不会溶解，不会氧化，酒在里面可以长期存放。

宋朝国营的酒厂很多，每个州县至少都会有一所，这些国营酒厂出产的酒几乎都用经瓶分装。每个酒厂用的经瓶都是特制的，烧造的时候就已经在瓶子上刻了商标甚至出产地，所以消费者喝完了酒，酒瓶不要扔掉，酒厂会回收的。苏东坡的弟弟苏辙当过国营酒厂的厂长，他有一项重要工作，就是每年秋天都要主持回收空酒瓶。

瓷瓶除了装酒，还能烧茶。

宋朝人的茶叶与喝茶的方式跟今天完全不一样。现在的茶叶加工主要靠炒，叫作“炒青”；宋朝的茶叶加工主要靠蒸，叫作“蒸青”。炒出来的茶叶是分开的，一片一片互不粘连，适合直接冲泡。蒸出来的茶叶是成团的，还要晾干，摊晒，再碾磨成粉，压制成块，其成品都叫“茶饼”，也就是我们现在说的茶砖。

现在的陈年普洱是典型的茶砖，不过我们喝的时候依然以冲泡为主，一般不会放到锅里煮。唐朝人喝茶全是用煮：先用茶碾子把茶砖碾碎，碾成粉面状的茶末，再用茶罗把茶末过滤一下，然后把茶末投放到滚水里，像煮饺子一样煮上三滚，最后喝那一大锅茶汤。宋朝人喝茶比唐朝有所改进，前面碾茶、滤茶的程序跟唐朝一样，滤出来茶末以后，先烧水，把水烧开，准备好茶碗，用小勺把茶末分到几个碗里，然后用滚水冲进去，一边冲，一边搅，快速搅动，让茶末跟滚水充分混合，这叫“点茶”。点好的茶是浓稠的，跟牛奶一样。过一会儿，茶汤上面还会泛出一层乳白色的泡沫，好像卡布奇诺咖啡，现在日本人喝的“抹茶”就是这个样子。

在宋朝的茶道中，烧水是很关键的一步。宋朝人点茶一般不用铁锅烧水，而用瓷瓶烧水。烧水的瓷瓶是特制的，宋朝人叫它“砂瓶”，耐高温，可以直接架在炭火上烤，砂瓶里装大半瓶水，一会儿就烧开了。由于瓶壁是不透明的，所以看不见水开，只能听声。听声辨水，是宋朝茶艺界的绝活儿。

宋朝茶瓶是瓷的，茶碗有时候也用瓷。早在唐朝，上流社会也很鄙视瓷器，喝茶用铜碗、银碗或者金碗，甚至用铁碗，拒绝用瓷碗。后来出了一个叫苏廙的茶道高手，他说金银太贵重，铜铁太俗气，这些金属茶碗还都有腥味儿，影响茶汤的口感和成色，只有瓷碗才是压倒一切的理想茶具。（参见苏廙《仙芽传》，该书已散佚，今存于《说郛》）苏廙的见解非常科学，开启了宋朝用瓷碗喝茶的风气。

宋朝已经可以烧造紫砂茶具了，但是紫砂并不被宋朝士大夫喜欢，一是因为紫砂透气性太强，茶汤很容易渗透进去，喝完茶不容易刷干净（现在流行紫砂壶，人们常说茶能养壶，其实就是指紫砂的细孔里填充了茶叶渣子，既不卫生，又会影响下一道茶的表现）；二是因为紫砂天然有一种土腥味儿。

唐人煮茶，今人冲茶，宋人点茶。点茶无须茶壶，故此宋朝并不生产茶壶，只烧造茶碗。茶碗又分很多种，南宋景德镇烧造的茶碗属于影青瓷，胎很薄，釉很白，半透明，很好看，但是这种茶碗并不受欢迎。宋朝人最喜欢的茶碗是建州窑出产的小黑碗，胎特别厚，造型古朴，看起来很笨重，但是耐高温，导热慢，适合点茶。

为什么厚碗适合点茶？因为点茶用的水都是一百度的沸水，快速冲入茶碗以后，碗壁骤然升温，胎太薄的话，会啪地一下裂开。

现代人喝茶，多用玻璃杯、紫砂杯和白瓷杯，宋朝人则喜欢黑瓷碗。因为宋朝最好的茶汤都是乳白色的（北宋大奸臣蔡京的伯父兼书法老师蔡襄著有一部《茶论》，说“茶之绝品，其色贵白，翠绿乃茶之下者耳”），只有用黑碗才能凸显茶汤的乳白。如果用白瓷碗、白瓷杯或者透明的玻璃杯，你就分不出哪是杯子哪是茶了。

宋朝人一般不用玻璃杯喝茶，因为古代中国的玻璃太昂贵了（李白给儿子取名叫李颇黎，颇黎就是玻璃，表明李白认为儿子跟玻璃一样贵重）。宋朝人可以加工玻璃，河北定县与河南新密都出土过宋朝的玻璃瓶，但是由于技术落后，当时只有靠运气才能加工出一个造型优美、没有瑕疵的瓶子，成本非常高，所以售价也非常贵。在南宋杭州，一个小小的玻璃杯可以卖到两千贯，比同样大小的金杯都要贵。

宋朝有个叫李光的诗人，别人送他一只玻璃碗（注意，不是一套），他兴奋极了，把玩了半天，还是觉得这个礼物过于贵重，又还给了人家，还在信里说：“何用是宝器哉！”柴米油盐过日子，怎么能用这么宝贵的器具呢?

由此可以想见，如果你在宋朝请客，餐桌上摆出一套瓷杯瓷碗，也许人家会说你抠门儿；摆出一套金杯银杯，也许人家会说你俗气；如果摆出一套玻璃杯玻璃碗，哼哼，必定万众瞩目，人人惊艳，你可就风光透了。

宋朝饮食安全问题

我父亲种了一辈子地，现在年纪大了，抡不动锄头了，不敢再从事重体力劳动，于是把老家那十几亩责任田全部转包给别人，自己去镇上一家超市里做了仓库保管员。

自从去这家超市上班以后，我父亲就不再购买超市里的肉了。他在电话里跟我说，那家超市出售的所谓“生鲜肉”，其实都是过期冻肉，看起来红白相间非常可爱的五花肉饺子馅儿，其实都是用猪油和鸭肉“拼装”的赝品，至于贴着“本地鲜羊肉”“内蒙牛肉干”等标签的牛羊肉，竟然是临近县城某地下作坊以超低价格配送的母猪肉！据说现在的地下作坊工艺先进，能将猪肉纤维打散重组，再加入不同口味的肉精和色素，想让它变成什么肉就能变成什么肉。

在这家超市做了二十三天，领了十五天的工钱以后，我父亲终于忍受不住良心上的煎熬，主动找老板辞了工。他迷茫地问我：“现在的人咋会变成这样呢？以前饿死人的年月也不这样啊？”他的意思是说，以前挨饿归挨饿，没有这么多奸商。

我父亲没有读过书，不了解历史。如果他了解历史的话，他会明白奸商并不是现在才有的。

我们经常慨叹世风日下，人心不古。其实呢，人心从未“古”过。当年鲁迅从北京去西安，在车站买一荷叶鸡，揭开荷叶，里面是块胶泥，假得更厉害。鲁迅说他从中国文化里读到两个字——吃人，其实他还应该读到另外两个字：假货。

南宋人袁采在其著作《世范》里有这样的议论：“鸡塞沙，鹅羊吹气，卖盐杂以灰……敝恶之物，饰为新奇；假伪之物，饰为真实。如米麦之增湿润，肉食之灌以水。巧其言词，止于求售，误人食用，有不恤也。”给鸡喂沙子，给鹅羊充气，在盐里掺灰，让粮食受潮，往肉里注水，如此这般令人发指的欺诈手段在宋朝就已经盛行了。

北宋人苏象先在其著作《丞相魏公谭训》中回忆道：“众争取死马，而不取驼牛，以为马肉耐久，埋之烂泥地中，经宿出之如新，为脯腊，可敌獐鹿。皆税居曹门，邻巷皆货之咸豉者，早行其臭不可近，晚过之，香闻数百步，多马肉为之。”北宋开封曹门外有一大批专门加工死马肉的地下作坊：作坊主收购死马，埋入地下，泥土隔绝空气，减缓腐烂时间，第二天刨出来，用豆豉炖熟，再做成肉干，冒充獐肉和鹿肉流入市场。

《东京梦华录》列有一长串食单，全是小贩到酒楼里推销的东西，包括炙鸡、燠鸭、姜虾、酒蟹、獐豝、鹿脯等荤菜，也包括莴苣、京笋、辣菜等素食，还包括梨条、梨干、梨肉、柿膏、胶枣、枣圈等蜜饯。其中“獐豝”即獐肉干，“鹿脯”即鹿肉干，这两种肉干十有八九都是假的。

生于南宋、死于元初的宋朝遗老周密不买鹿肉，因为他了解内情：“今所卖鹿脯多用死马肉为之，不可不知。”

南宋有一太守，有回买到假药，把药店老板打了六十板，还写下判词："作伪于饮食，不过不足以爽口，未害也，惟于药饵作伪，小则不足愈疾，甚则必至杀人，其为害岂不甚大哉？"意思是卖假肉不会影响健康，卖假药就可能要人老命了，说明宋朝奸商不光在饮食上造假，还在药上造假。

宋朝还有一本名为《物类相感志》的生活小册子，其中有一段教人如何判断香油真假："以少许擦手心，闻手背香者真。"把香油滴到手心里，用手背去擦，过一会儿再闻，如果不香，那就说明买到了假货。这说明宋朝不仅有假肉，还有假香油，不然人们无须总结这样的经验。

现在福建省的建瓯市，过去叫建安，以产茶出名。在宋朝，建安茶有三大产地，一是位于凤凰山的北苑，二是位于北苑之南两公里的壑源，三是位于北苑之西五公里的沙溪。北苑茶是专供皇帝的，茶商没机会问津，所以只能去壑源和沙溪采购茶叶。壑源的土质好，水质也好，毛茶与成品茶质量均高，几乎不亚于北苑茶，而沙溪茶就等而下之了。每年初春，刚过惊蛰，全国的茶商云集壑源，等不到茶砖出焙就争相抢购，搞得壑源茶供不应求，这时候茶农们就开始掺假了："阴取沙溪茶黄，杂就家棬而制之，人耳其名，睨其规模之相若，不能原其实者，盖有之矣。凡壑源之茶售以十，则沙溪之茶售以五，其直大率仿此。"（黄儒《品茶要录·辨壑源沙溪》）把沙溪的普通茶叶运到壑源，放在壑源的茶厂里加工，冒充壑源茶卖给茶商，茶商每买十斤壑源茶，其中就有五斤是沙溪茶。

宋徽宗著有《大观茶论》，他说："其有甚者，又至于采柿叶桴榄之萌，相杂而造，时虽与茶相类，点时隐隐如轻絮，泛然茶面，粟文不生，……杂以卉莽，饮之成病。”做茶的奸商能奸到什么地步呢？把柿树的叶子和苦丁树的叶子掺到茶叶里面，一起蒸青、压榨、入模、烘焙，加工成真假难辨的小茶砖。老百姓不辨真假，当成好茶喝到肚子里去，结果闹出病来。

我们批判现在的茶农过量使用农药，批判现在的茶商以次充好，可是通过上述文献可以看出，假茶劣茶早在宋朝就屡见不鲜了。

难道古代中国仅仅只有宋朝才盛行造假吗？当然不是。翻翻元明笔记，翻翻《三言二拍》里的话本小说，各种奸商在元、明两朝同样是大行其道。至于清朝，更不例外，纪晓岚在《阅微草堂笔记》中写道：“余尝买罗小华墨十六铤，漆匣黯敝，真旧物也，试之乃抟泥而染以黑色，其上白霜，亦庵于湿地所生。又丁卯乡试，在小寓买烛，艺之不燃，乃泥质而幂以羊脂。又灯下有唱卖炉鸭者，从兄万周买之，乃尽食其肉，而完其全骨，内傅以泥，外糊以纸，染为炙爆之色，涂以油，惟两掌头颈为真。”墨锭是涂黑的泥块，蜡烛是抹了羊油的泥块，烤鸭是包了泥块的骨头，真是无一不假，无商不奸。

进入民国，帝王专制基本上被扫进了历史的垃圾堆，北洋政府高唱共和，国民政府鼓吹民主，蒋介石统一南北后又大搞“新生活运动”，力图提升国民素质，净化社会风气，可是制假贩假并未彻底消失。1935年12月，奇文印务公司出版《广州年鉴》，该书第十三卷收录了广州卫生局的一则公告，姑且摘录如下：

查肉类为人民养生之要素，与市民肉食卫生最关重要，惟本市各屠店向多唯利是图，每将死病兽畜私宰发售，或将肉类吹水吹气，贻害人群，诚非浅鲜。虽经卫生局定有专章取缔，并将私宰死病畜肉缉获解办，而市侩志存图利，实属防不胜防。

往肉里注水，往动物体内吹气，将不新鲜不洁净甚至还带有寄生虫的肉类推向市场……如此等等做法，都是宋朝奸商玩过的把戏，到了民国又被玩了一遍，奸商们因此而获利，消费者因此而被坑。

从古代到民国，再从民国到今天，一块注水肉贯穿古今，一群奸商流毒千年，有些朋友可能会将其归结为国民性问题。实则不然——西方世界也有奸商，欧洲人也曾用马肉冒充牛肉，金融领域的庞氏骗局也在欧美流行上百年。由此可见，制假和欺骗并不是我们中国人的专利。

或许人性本恶，只要利益大于风险，哪个民族都有可能造假，所以监管和惩罚就变得非常重要。又或许社会不公和发展机会不均等也会让人铤而走险——邻居王大爷无才无能又无德，靠他的市长外甥承包工程，一夜之间吃成胖子，我一没关系二没手艺，靠什么迅速发财？干脆做地沟油、卖注水肉吧！

所以这一小节的结论是：让我们共同努力，增加奸商的风险，促进社会的平等。

第二章

主食称王

蔡京煮面

郭德纲相声里有一段子，说某人在江湖上得一外号，简称“冷面杀手”，全称则是“朝鲜冷面杀手”。言外之意，这厮是个吃货，最爱吃冷面，只要让他看见朝鲜冷面，无论多少，统统拿下。

今天呢，我们要讲一个宋朝冷面杀手的故事。

首先必须说明，这个来自宋朝的冷面杀手之所以被我们称作“冷面杀手”，可不是因为他爱吃冷面，而是因为他擅长做冷面。

他是谁呢？就是大名鼎鼎的蔡京。

众所周知，蔡京是北宋最有名的奸臣，他残害忠良，迫害百姓，帮着宋徽宗干了很多坏事。既然是奸臣，一般都有点儿小聪明，否则不可能得到皇帝的欢心，不可能得到同僚的拥戴，进而也就没有机会去当奸臣了。像蔡京这个奸臣，就是一个非常聪明的奸臣。

话说蔡京年轻的时候，曾经在扬州当过一段时间的市长。在扬州任上，他长袖善舞，左右逢源，既谄媚上级，又拉拢下级，扬州官场被他搞得一团和气，每个干部都佩服他，“缙绅闲一辞，皆谓之有手段”（蔡绦《铁围山丛谈》卷六，下同）。所有人都夸他办事干练，工作能力突出。

有一年酷暑，蔡京在自己家组了一个局，请同僚们吃饭。他组的这个局有一名堂，叫作“凉饼会”。宋朝人说的“凉饼”就是唐朝人说的“冷淘”，放到今天其实就是冷面，所谓“凉饼会”，实即“冷面局”是也。

那天蔡京只请了八个人，可是出乎意料的是，大小官员听说蔡市长请客，都想借机会亲近他，于是乌泱乌泱都来了，到场的客人竟然一下子从八位变成了四十位！

宋朝人做冷面，没有机器，那可是纯手工。为了让面条筋道，蔡京至少得提前半天把面和上，饧到十分透，揉到十分光，然后才能抻成又细又圆的面条。抻好就得煮，煮好就得过水，过完水就得拌卤，拌完卤就得端给客人吃，不然面会坨住，难吃又难看。蔡京预计请八个人，自然只准备八个人的面条，现在呼啦一下子来了几十位，他该怎么应对呢？有的客人开始犯嘀咕：“蔡四素号有手段，今率迫留客，且若是他食，辄咄嗟为尚可，如凉饼者，奈何便办耶？”人人都说蔡老四（蔡京行四）有办法，可是今天来了这么些人，他怎么来得及做出那么多冷面来呢？咱们就等着看他笑话吧！

事实证明，蔡京确实有办法——不到半个钟头，他就做出了四十碗冷面，每个客人一碗，吃起来还挺鲜，挺筋道，一看就是现做的，大伙边挑起面条呼噜呼噜往嘴里扒，边对蔡京的手艺赞不绝口。

蔡京是怎么做的呢？史料上没有具体说明，不过我能猜出大概。据我猜测，由于蔡京老是请客，老是请人吃冷面，所以他家一定常备着一大批揉匀的面团。他将面团揉光，用细纱裹紧，用油布包严，往冷水里一放，隔天拿出来揉一揉，能存放七八天不变质，而且放的时间越长，面团就越筋道。哪天不速之客登门，蔡京不慌不忙，取出几个面团，在面案上啪啪啪地拽开，簌簌簌地抻细，下锅煮熟，过水拔凉，浇上卤汁，铺上菜码，火速上桌，客人们即可大快朵颐……我觉得，这应该就是蔡京做冷面的秘诀，同时也是我们为什么要称他“冷面杀手”的原因所在。

另外我觉得，蔡京之所以擅长做冷面，除了因为他聪明，还因为他有幸生活在宋朝。宋朝是面条文化非常发达的朝代。发达到什么地步呢？举凡我们现代人吃过的面条，在宋朝差不多都能见到。

苏东坡诗云：“郁葱佳气夜充间，始见徐卿第二雏。甚欲去为汤饼客，惟愁错写弄獐书。”一个姓徐的朋友生了二小子，苏东坡想写篇贺词去祝贺祝贺，顺便蹭人家一顿汤饼，又怕高兴过了头，把贺词写错了。宋朝人生下儿子，照规矩要请亲戚朋友吃一顿宴席，宴席上的主食是汤饼。汤饼是啥？就是面条啊！

生儿子吃面条，过生日也吃面条。比苏东坡稍晚的宋朝文人马永卿在给唐诗做注的时候写道：“汤饼，今世所谓长命面也。”咱们现代人过生日吃“长寿面”，宋朝人过生日吃“长命面”，叫法略有不同，风俗完全一样。

严格讲，汤饼并不等于面条。汤饼这个词大约诞生于东汉，最初指的是片儿汤：和面成团，掐成小段，拍成薄饼，下锅煮熟，捞出即食，非常之原始。到了魏晋南北朝，咱们中国人继续引进西域饮食并不断革新传统手艺，新型面食如“水引”“索饼”和“馎饦”才横空出世。水引实际上是揪成的面片，索饼实际上是搓成的拉条，馎饦实际上是推捻而成的猫耳朵。这三种面食问世以后，仍然拜倒在汤饼门下，被统称为汤饼。也就是说，汤饼并不仅仅是片儿汤，有时候还包括拉条和猫耳朵。用宋人黄朝英的话说：“凡以面为餐具者皆谓之饼，故火烧而食者呼为烧饼，水瀹而食者呼为汤饼，笼蒸而食者呼为蒸饼。”凡是用羹汤煮熟的面食，诸如拉条、拉面、烩面、揪面片、猫耳朵、手擀面、刀削面……通谓之汤饼，可见汤饼是个大家族。

拉条出世甚早，在三千年前的西亚就有发现，堪称人类饮食史上最古老的面条。但是拉条传入中国的时间比较晚，两千多年前才传入新疆，一千多年前才传入陕西。馎饦出世于魏晋时期，它是北方游牧民族发明的面食，做法极其简单：和好面，搓成长条，掐成小段，按在手心里搓一下，搓成中间凹、两头翘的柳叶舟或者猫耳朵，不用菜刀，不用菜板，全凭双手即可加工。至于拉面、烩面和手擀面，它们出世就更晚了，从文献记载来看，宋朝以前尚未发现它们的踪迹，所以这三款面条极可能是被宋朝人发明出来的。

拉面在宋朝叫作“索粉”（南宋人有时也将粉条称为索粉），烩面在宋朝叫作“水滑面”，手擀面则莫名其妙地延续了早期面食馎饦的名称，继续叫作“馎饦”。同时宋朝人还精益求精，发明出用模具加工的花式面条，例如用特制的刀具将擀出的面片切成梅花形、莲花形、蝴蝶形……

不仅如此，宋朝人还大胆地使用安全无副作用的天然添加剂，以改善面条的色泽和口感。比方说用槐叶汁做出绿色的面条，用黑豆汁做出黑色的面条，以及用纯天然的碱性物质和面，避免面条粘连，使面条爽口弹牙。如北宋庄绰《鸡肋编》记载：“陕西沿边地苦寒，种麦周岁始熟，以故粘齿不可食，如熙州斤面，则以掬灰和之，方能擀切。”蓬灰是莲蓬草的灰分，主要成分是碳酸钾，既能中和面团的酸度，又能跟蛋白质分子发生化学反应，形成很长的网状蛋白质链，使面团更为筋道。现在兰州拉面必用拉面剂，拉面剂主要成分即为蓬灰，如果不添加这种东西，拉面抻不了那么长。

曾有人问苏东坡天底下什么东西最好吃，老苏一口气列了好几样："烂蒸同州羔，灌以杏酪，食之以匕不以箸；南都拨心面作槐芽温淘，糁以襄邑抹猪；炊共城香稻，荐以蒸子鹅。"（一说此乃黄庭坚语）陕西渭南的蒸羊羔，浇上杏酪，甭用筷子夹，只用小勺子挖着吃；河南商丘的拨心面，做成槐芽温淘，用睢县红烧肉做浇头；将豫北辉县的香稻米蒸熟，配着蒸子鹅吃……其中"拨心面"不明为何物，从字面意思上看，倒很有可能是类似意大利通心粉那样的空心面条。

现代通心粉是用机器做出来的，如果离开机器，我们很难想象如何让面条中空。但实际上只要足够有耐心，没有机器也能做出纯手工的通心粉。

我做过试验：第一，选用强筋面，往面里放盐，放拉面剂；第二，稍微放点儿水，把面和得非常硬，使出全部力气，能和多硬就和多硬；第三，把和好的面团抹上一层熟油，放到阴凉干燥的地方，让它饧上一整天；第四，把面团切成粗条，揉光，抹油，再饧上一整天；第五，把粗条搓成细条，用抻拉面的手法抻得非常细，挂到通风处晾干。经过这样的试验，蛋白质析出到表面，面条内部只剩水和淀粉，水一蒸发，自然会形成空心。

南宋养生食谱《奉亲养老书》曾经记载面条做法，其中有"馊之""停一宿""揉一二百拳"等诀窍，"馊之"即和面，"停一宿"即饧一夜，"揉一二百拳"即反复揉面。如此精心做面，应该是可以做出空心面条来的。

陆游的年夜饭

八百年前，陆游在绍兴老家过春节，大年初一那天晚上，他写下这么一首七言长诗：

> 扶持又度改年时，耄齿侵寻敢自期。
>
> 中夕祭余分馎饦，黎明人起换钟馗。
>
> 春盘未拌青丝菜，寿斝先酬白发儿。
>
> 闻道城中灯绝好，出门无日叹吾衰。

用普通话去读，这首诗并不押韵，假如我们用吴语读，其实还是挺押韵的。我们知道，吴语保留了很多古音，而敢自期的"期"、钟馗的"馗"、白发儿的"儿"、叹吾衰的"衰"，其古音韵母都是i，读起来蛮顺口。

韵律只是形式，形式没有内容重要，陆游这首诗写了什么内容呢？主要写他春节期间都干了哪些事儿。

"中夕祭余分馎饦"，说的是除夕祭祖，陆游跟儿子和孙子一起祭。祭完祖，他们把供品分了。供品是什么呢？是馎饦。馎饦是什么东西？一会儿再说。

“黎明人起换钟馗”，第二天早上，也就是正月初一那天早上，陆游起了个大早，撕掉旧门神，贴上新门神。“钟馗”在这里指代门神。

“春盘未拌青丝菜”，正月初一全家聚餐，主食是馎饦，配菜是春盘，往年春盘里都有青丝菜，今年没有。所谓青丝菜，其实就是韭菜，刚发出来的韭菜又细又软，状如美女发丝，故名“青丝”。

“寿斝先酬白发儿”，这家人聚餐时喝了酒。陆游是家长，辈分最高，照理说第一杯酒应该敬给他，但他“先酬白发儿”，先让白发苍苍的大儿子和二儿子喝。他写这首诗的时候年近八旬，他的大儿子陆子虡和二儿子陆子龙都过了五十岁，已经是小老头了，所以他管他们叫“白发儿”。白发儿终归还是儿子，为什么喝酒次序比他这个当爹的还要靠前？因为这是宋朝人过年时特有的风俗习惯。

“闻道城中灯绝好”，陆游听说绍兴市区晚上有灯展，想去看。

“出门无日叹吾衰”，最终他没有去看，因为他在镜湖旁边的小村子里隐居，离市区还有好几里路，年纪大了，腿脚不利索，走不了那么远。

综上所述，陆游在除夕祭了祖，在初一早上贴了春联，在初一白天吃了团圆饭，初一晚上计划进城观灯，没有去成。

通过陆游这首诗，我们可以窥见宋朝人如何过年，但是要想有个全面了解，仅凭这首诗肯定不够。

比如说现在过年要放假，宋朝人过年放假不放？陆游的诗里没写，《宋史》和《宋会要》里写了。据《宋史》记载，宋朝春节也有假期，宋真宗诏令："煎盐灶户自今遇元日、冬至、寒食三节，各给假三日。"国营盐场的工人冬至放假三天，寒食放假三天，春节（元日）也放假三天。

宋朝厚待士大夫，给官员们安排的假期更多。《宋会要辑稿》记录了北宋中叶干部阶层的假日安排：春节、寒食、冬至，各放七天假；夏至、腊八、上元（元宵节）、中元（七月十五）、下元（十月十五）、皇帝生日，各放三天假；立春、立夏、立冬、春分、秋分、春社、秋社、三伏、七夕、三月三、端午节、重阳节，各放一天假。如果再加上每月三次的旬休（相当于现在的周末），同时刨除掉不同节假日之间可能重叠的天数，一个宋朝官员全年享受的正常假期大约在一百二十天左右，等于一年当中有三分之一的时间处于休假状态。

宋仁宗时期，清官包拯认为假期太多不利于为人民服务，提议把七天长假缩短成五天，也就是说，春节期间只能放五天假。宋仁宗采纳了他的建议，百官无不叫苦，暗暗咒骂包拯多事。后来宋神宗即位，又恢复了过去的老规矩，春节假期又延长到七天。

春节假期虽长，领导们却不一定能够回家过年。当年陆游去四川做官，在四川待了整整七年，每年春节都会放假，每年他都在任职地过年，从来没有回过绍兴老家。不是他不想回，是假期给得太少，来不及回去。照咱们现代人的想法，七天假期并不算少，可是古代交通太落后，路上花的时间太长，朝廷给的假期远远不够。记得陆游四十五岁那年去四川赴任，在农历五月十九坐船出发，一路上换了九回船，还有两回差点儿淹死在长江里，到了十月二十七才抵达四川奉节。现在开车一两天的路程，他老人家走了将近半年！假如每年春节他都回绍兴，回去路上花半年，回来路上花半年，一年时光全扔到路上了，还怎么工作啊！

当然，不管能不能回家，春节都得过。陆游在奉节当副市长的时候，过年时一样要在机关大院贴春联，一样要祭祖，一样要吃年夜饭。

宋朝时贴春联比今天麻烦多啦！现在有门神有春联就行了，宋朝时除了贴门神、贴春联，还要换桃板、换桃符、换天行帖子。桃板是用桃木锯的木板，竖长形，钉在大门两边的门柱上，春联则贴在桃板上面。桃符是桃木刻的化煞用品，有圆形有方形，边缘雕刻卍字符，中间雕刻神仙或瑞兽，钉在门楣下面。天行帖子是一张红纸，中间写四个大字："承天行化。"这张纸贴在门楣中间，就像现在春联里的横批。

现代人是先贴春联，再吃年夜饭。宋朝人却是先吃年夜饭，再贴春联。各地的年夜饭不尽相同，但据《东京梦华录》和《武林旧事》载，无论南宋还是北宋，最通行的年夜饭都是馎饦。

"馎饦"是胡语，馎饦这种食物也是胡人发明的面食，至少在南北朝时期就传到了中原。最初它的做法非常单一：和好面，切成条，掐成小段，把小面段放到手心里，用另一只手的大拇指按扁，使劲一搓，搓成中间凹两头翘的柳叶舟，放到菜羹里煮熟，捞出来就可以吃了。从做法上推想，这种食品应该就是现代关中面食"荞面圪饦"和"猫耳朵"的前身。

到了宋朝，馎饦的做法丰富起来。宋朝人把搓出来的猫耳朵叫馎饦，也把擀切的面条叫馎饦，同时还把揪面片叫馎饦。要说宋朝的馎饦跟最初的馎饦有什么共同之处，那就是煮的方式始终没变，始终是把面下到菜羹里面煮。与馎饦并列于世的另一种面食叫“索饼”，它就是今天的拉面。宋朝人煮拉面用清水煮，煮熟捞出，拌以浇头。而馎饦则不同，它是直接用菜羹煮熟的，在煮的过程中就已经入味，所以不需要浇头。

同样也是在宋朝，馎饦传到了日本，成为大和民族喜爱的主食。如果您去日本旅游的话，应该能见到很多出售馎饦的面馆，那里煮面的方法延续了宋朝传统，仍然是用菜羹来煮。

用菜羹煮面条（或者面片和猫耳朵），做起来简单，吃起来也没有特殊的美味，这道主食怎么能成为年夜饭？宋朝人过年怎么就不吃饺子呢？实话说，宋朝是有饺子的，当时不叫饺子，也不叫扁食，叫馄饨（宋朝人管饺子叫“馄饨”，管馄饨叫“餶飿”）。按照大宋习俗，馄饨是冬至那天吃的，馎饦是除夕和正月初一吃的。换句话说，宋朝人过年不吃饺子，过冬至才吃饺子。所以南宋杭州有句民谚：“冬馄饨，年馎饦。”北宋开封也有一句俗语：“新节已过，皮鞋底破，大担馄饨，一口一个。”新节指的是冬至，冬至那天使劲吃饺子，到了春节反而没的吃了，只能用菜羹煮馎饦。

宋元灌汤包

据周密《武林旧事》记载，南宋首都杭州街面上共有如下“蒸作从食”出售：

> 子母茧、春茧、大包子、荷叶饼、芙蓉饼、欢喜团、骆驼蹄、太学馒头、羊肉馒头、细馅、糖馅、豆沙馅、饭馅、酸馅、笋肉馅、麸蕈馅、枣栗馅、薄皮、蟹黄、灌浆、乳饼、菜饼、秤锤蒸饼、睡蒸饼、千层、月饼、毕罗、春饼、韭饼、诸色夹子、诸色包子、诸色角子。

何谓“从食”？主食是也。何谓“蒸作”？蒸煮是也。所谓“蒸作从食”，就是用蒸煮方式弄熟的主食。在南宋市面上，这种主食还真不少，前面单列的就有三十多种，下面容我一一介绍。

子母茧：大春卷套小春卷。生面做皮，羊肉做馅，卷裹成蚕茧状，入油炸黄，再裹上一层发酵面皮，卷成春卷，上锅蒸熟。普通春卷只有两层，里层肉（或者蔬菜），外层面；这种春卷却有三层：里层肉，中层面，外层还是面。虽说裹了两层面，吃起来并不粘牙，内层的面皮焦脆，外层的面皮酥软，像煎饼馃子似的分出层次来。

春茧：即春卷。

大包子：不要望文生义，以为此包子等于彼包子。宋朝语境与今不同，宋朝人说“包子”，绝非面裹馅儿，而是菜叶裹馅儿，所谓“大包子”，实为大菜包。找一只粗瓷大碗，铺上一层菜叶，再往菜叶上码一堆肉馅儿，上锅蒸熟，完了捧出菜叶和肉馅，双手裹着往嘴里送，这才是宋朝大包子的真正含义。

荷叶饼：面粉加盐，加酵母，和成面团，充分发酵，擀成薄饼，用现成的荷叶模子去压，压成荷叶状的小面片，刷上油，上笼蒸熟。

芙蓉饼：做法同上，只不过换一模子，把荷叶模子换成荷花模子，使面片呈现出荷花的形态。

欢喜团：此物源出印度，唐朝时随佛经传入中土。面粉、米粉、砂糖、蜂蜜，四样混合，揉匀，掐开，搓成一颗颗小圆球，顶端印花，或用花瓣染色，最后抹上香油，上笼蒸熟。

骆驼蹄：重阳节期间的传统小吃，在重阳糕里裹上肉馅，捏出两个尖儿来，平底朝下，上笼蒸熟。

太学馒头：宋朝人所说的“馒头”，恰恰是咱们现在说的包子，太学馒头即太学包子。北宋后期，奸臣蔡京秉政，此人为收买人心，连续三次改善太学生的伙食，使太学食堂里的肉包子越做越好，闻名开封。北宋灭亡后，太学的厨子流亡杭州，捎带着将太学包子的招牌传到了南宋。

羊肉馒头：羊肉馅儿的包子。

细馅：鹌鹑馅儿的包子。

糖馅：糖包子。

豆沙馅：豆沙包子。

饭馅：炒米馅儿的包子。

酸馅：酸菜馅儿的包子。最近几十年来校点宋人笔记，常有学者将“酸馅”校为“馂馅”，进而又解释为“熟馅包子”，真是大错特错——包子馅儿有不熟的吗？不熟您敢吃吗？

笋肉馅：笋肉馅儿的包子。

麸蕈馅：用面筋和香菇做馅儿的包子。苏东坡诗云：“天下风流笋饼馁，人间济楚蕈馒头。”用笋做饼，用香菇做包子，那是天底下最好吃的两样食物。可以想见，假如我们给苏东坡端上“笋肉馅”和“麸蕈馅”，他一定开心得连口水都流出来。

枣栗馅：用枣泥和栗肉做馅儿的包子。

薄皮：薄皮包子。

蟹黄：蟹黄包子。

灌浆：灌汤包子。

乳饼：奶豆腐。

菜饼：菜饼子。

秤锤蒸饼：“蒸饼”是指馒头，实心无馅的馒头，在宋朝又叫“炊饼”“笼饼”，在今天又叫“馍馍”“蒸馍”。秤锤蒸饼，像秤锤一样又高又圆的馍馍。

睡蒸饼：比秤锤蒸饼矮而扁，俗称“扁馍馍”。

千层：千层饼。

月饼：仍然不要望文生义，以为宋朝就有了月饼，进而认为宋朝人中秋节也有吃月饼的习俗。实际上，宋朝的月饼是月牙状的面食，蒸熟，没馅儿，需要就着菜吃，并不像现在的月饼，既有馅儿，又是满月状，还是烤制而成，香甜可口。

毕罗：毕罗本是中亚食物，唐朝传入中国，宋朝养生宝典《奉亲养老书》载有其做法：将面皮或粉皮铺在碗底，倒入肉馅、菜馅、果馅或者炒饭，上笼蒸熟，完了倒扣在盘子里，皮在上，馅在下，透过半透明的薄皮，可以瞧见盘底的内容，用手抓着吃。

春饼：野菜饼子。

韭饼：韭菜饼子。

诸色夹子：夹子是宋朝人发明的一种特色小吃，通常是将张力较好的块茎类蔬菜切成连刀片，酿以肉馅，然后油炸或者蒸煮。“诸色夹子”即各种各样的夹子，包括藕夹、茄夹、瓠夹、笋肉夹等。南宋市面上偶尔也会出现“面夹儿”（又叫“油夹儿”），面皮包馅，裹成小菜角的形状，用平底锅煎熟，实际上就是水煎包的前身。

诸色包子：前面说过，宋朝“包子”实为菜包，故此“诸色包子”指的是各种各样的菜包。

诸色角子：“角子”绝非饺子，它是一种狭长形的包子，面皮裹馅，捏出两个角或者三个角，底部是平的，表面没有褶儿，只有两条棱或者三条棱，因为有角儿，故名角子。

OK，到此为止，我们已经介绍完了《武林旧事》中列举的所有蒸作从食，回头看一看，可以得出一个很明显的结论：这些食品当中超过百分之八十都带馅儿。不信您瞧，子母茧和春茧都有馅儿，大包子是菜叶裹馅儿，骆驼蹄是重阳糕裹馅儿，毕罗出锅之后要将面皮或者粉皮盖在馅儿上，诸色夹子是往连刀片里酿肉馅儿，至于太学馒头、羊肉馒头、细馅、糖馅、酸馅、豆沙馅……统统都是包子，包子自然更加离不开馅儿了。

包子跟包子不一样。有肉包子，也有素包子；有带褶儿的包子，也有不带褶儿的包子；有灌汤包子，也有不灌汤的包子。

太学馒头和羊肉馒头是肉包子，糖馅和酸馅是素包子。大多数包子都有褶儿，如开封第一楼灌汤包至少要捏出三十六道褶，靖江灌汤包至少要捏出三十二道褶，天津狗不理包子至少要捏出十八道褶……可是也有完全不带褶儿的包子，如刚才我们介绍的“诸色角子”就没有褶，只有棱。元朝忽思慧《饮膳正要》载有一种“仓馒头”，厚厚的发酵面皮裹着一小团肉馅，也没有褶，单瞧外观，跟馒头长得一模一样，掰开了才知道内有乾坤。

忽思慧《饮膳正要》载有多种灌汤包子，包括“茄子馒头”“剪花馒头”“莳萝角儿”和“蟹黄包子”。除蟹黄包子外，其他几种均跟现在的灌汤包子大不相同，如茄子馒头是用挖了瓤的嫩茄子做皮，将灌浆肉馅酿在茄子里；剪花馒头不但灌浆，而且外皮上还用剪子剪出诸般花样；莳萝角儿则是狭长形的灌汤包子，馅儿内拌有莳萝，面皮用精粉和蜂蜜混合，烫成水晶皮。

《武林旧事》中列举的南宋包子将近二十种，其中一种名曰“灌浆”，指的自然是灌汤包子；还有一种名曰“蟹黄”，指的自然是蟹黄包子。现在的蟹黄包子同时可能是灌汤包子，如扬州的蟹黄汤包、宜兴的蟹黄馒头、烟台的灌浆蟹包，统统都是既蟹黄又灌汤的，但宋朝的蟹黄包子是否灌汤就难说了。

现存宋朝史籍与宋朝食谱均未提及当时蟹黄包子的具体做法，只有南宋曾敏行《独醒杂志》讲了一则与蟹黄包子有关的故事，说是蔡京当宰相的时候，某天请几百个下属一块儿吃饭，吩咐厨子做“蟹黄馒头”（即蟹黄包子），饭后厨子算了算账，“馒头一味为钱一千三百余缗”。单做蟹黄包子就花了一千三百多贯。

这件事儿发生在宋徽宗崇宁年间，常年米价一千二百文能买一石。宋朝一石米重约六十公斤，据此估算，当时一贯铜钱的购买力相当于现在人民币二三百元，蔡京请一顿蟹黄包子花了一千三百多贯，折合人民币三十多万元，真是奢侈到了极点！这厮要是活到现在，一定会被中纪委带走问话的。

当然，一顿三十多万元的蟹黄包子，不是蔡京一个人吃，是几百个人一块儿吃。现在扬州正宗的蟹黄汤包卖到五十元一小笼，刚好能哄饱一个人的肚皮，几百个人每人一笼，一顿几万块钱也足够了，蔡京为何竟然花了几十万元呢?

据我猜想，厨子贪污可能是一项原因，此外还应该有一项原因：古代的蟹黄包子很可能比现在的蟹黄汤包用料要地道。元朝生活手册《居家必用事类全集》里有一道“蟹黄兜子”（兜子是宋元时期头盔俗称，蟹黄兜子即头盔状的蟹黄包子，近似蟹黄烧卖），做四个包子，需要用到“熟蟹大者三十只”“生猪肉一斤半”，可见那蟹黄绝对是真正的蟹黄，不是用鸭蛋黄冒充的。

酸馅儿

话说北宋时期，开封府有一个开当铺的张员外，只因平日抠门儿到了极点，从不多花一文钱，从不让人沾他一丝一毫的便宜，故人送绰号“禁魂张”。按宋朝白话，“禁”即降服，“魂”即鬼魂，人们说他“禁魂”，意思就是十分精明，连鬼魂也别指望从他手里弄出钱去。

有一天，一个乞丐从禁魂张的当铺门口经过，口里唱着莲花落，手里拿着大笊篱，希望禁魂张能施舍几枚铜钱。禁魂张正在里屋算账，柜上是他的伙计当值，那伙计见乞丐可怜，顺手往笊篱里面扔了两文钱。这一举动刚巧被禁魂张瞧见了，禁魂张冲冲大怒，从里屋冲出来，正言厉色地对伙计说：“你是给我打工的，居然胳膊肘往外拐，你有什么权利给这个臭要饭的两文钱？一天给他两文，一千天就得给他两贯！”说着抢过笊篱，往柜上钱堆里一倒，倒了个底朝天。那乞丐不但没要到钱，还把别处施舍的几十文铜钱全折了进去，自然不服。可他怕挨打，不敢跟禁魂张动武，只是站得远远地高声叫骂。

一个小老头走过来劝道：“这张员外是有名的禁魂张，家大业大，手眼通天，你是争不过他的。不如我给你二两银子，你当本钱去卖菜糊口吧。”乞丐千恩万谢，拿着二两银子离开了。原来这个小老头是个喜欢劫富济贫的神偷，江湖人称“宋四公”。

为了给乞丐出气，同时也为了惩罚禁魂张，宋四公决定去他当铺里偷钱。到了晚上，宋四公去夜市上买了两只焦酸馅儿，拌上一些毒药，又准备了一些类似鸡鸣五鼓断魂香的迷香，翻墙进入禁魂张的当铺。他先用拌了毒药的焦酸馅儿毒晕了两条看门狗，又用迷香迷晕了看守库房的保安，然后再用自配的万能钥匙打开了库房大门，偷走五万贯财物，连夜溜出了开封城……

上述故事出自宋朝话本《宋四公大闹禁魂张》（原文收录于齐鲁书社2000年版《宋元小说家话本集》），整个故事情节非常精彩曲折，但是我们就掐出开头这一段讲讲，后面的故事就不再赘述了。为什么单掐开头这段故事呢？因为它提到了一种宋朝食物：焦酸馅儿。如前所述，宋四公正是在两只焦酸馅儿里拌了毒药，才弄晕了禁魂张的两条看门狗。那么焦酸馅儿究竟是什么东西呢？且听慢慢道来。

首先必须说明，焦酸馅儿并不是熬焦了的酸馅儿，而是外皮酥脆的酸馅儿，在宋朝白话中，“焦”的意思往往等同于“脆”。如宋朝有一种大饼叫“宽焦”，意思是这种大饼又宽又脆，而不是又宽又焦。宋朝还有一种小点心叫“焦子”，指的用面粉和糯米粉拌原糖，团成圆球状，入油炸熟，蘸上糖稀，用竹签子串起来，状如糖葫芦，由于经过油炸，外皮稍脆，故名焦子。

想搞清楚“焦”的含义并不困难，难的是怎样搞明白“酸馅儿”的含义。

南宋笔记《武林旧事》第六卷单列“蒸作从食”，有太学馒头、羊肉馒头、细馅、糖馅、豆沙馅、生馅、饭馅、酸馅、笋肉馅、麸蕈馅、枣栗馅、薄皮、蟹黄、灌浆等名目。我们知道，宋时“馒头”均为包子，诸如细馅、豆沙馅、糖馅、生馅、饭馅、酸馅等食品得与太学馒头和羊肉馒头并列，应该也属于包子，只不过这些包子使用的馅料不同，所以才用馅料来命名。

如果酸馅儿是包子，那它究竟是什么形状的包子呢？关于这一点，我们必须参读金盈之的《新编醉翁谈录》。

金盈之是宋朝人，生在北宋，死在南宋。南宋宰相韩侂胄兴兵北伐，开始战事颇为顺利，将金兵打得溃不成军，南宋朝野群情振奋，以为“行将恢复”，马上就能打到中原，恢复北宋当年的繁荣气象了。故此金盈之写下《新编醉翁谈录》这本书，用浓笔重彩来详细描述他曾经生活过的北宋风貌，好让没有见识过盛世气象的年轻读者预习预习，以便将来能尽快适应故土尽复的美好生活。当然，后来韩侂胄北伐失利，金盈之的憧憬成了竹篮打水一场空，但他这本书总算留了下来。此书第三卷描写北宋开封的节令习俗，提到这么一句：“人日造面茧，以肉或素馅，其实厚皮馒头，酸馅也。”意思是到了正月初七，开封城里家家户户都包面茧，有的包肉馅儿，有的包素馅儿，这种面茧其实就是厚皮包子，又叫酸馅儿。

何谓“面茧”？两头尖尖，中间略鼓，底下平平，顶端有棱，是一种形态古怪的长包子。由此可见，酸馅儿的造型就是这个样子。

南宋田园诗人范成大描写过面茧的造型：“两头纤纤探

官茧，半白半黑鹤氅缘。腷腷膊膊上帖箭，磊磊落落封侯面。”“官茧”是指机关小食堂加工的面茧，两头纤纤探官茧，可见面茧的确是两头尖尖、中间略鼓的长包子。为何管这种包子叫面茧呢？因为它的样子像蚕茧。

我是开封人，今日开封民间仍流行包那种好似蚕茧一样的长包子，做法极其简单，比包普通的包子还要简单：将半发酵的面团掐成小团，一一拍扁，擀成圆圆的、跟手掌差不多大的面皮，托在手中，放上馅儿，将两条弧边对折、合拢、捏紧，再让面皮继续发酵，待包子发得圆鼓鼓的，上笼蒸熟。坦白说，整个过程极像包饺子，只不过饺子用死面，不用发面，一般煮熟，不是蒸熟，而且皮儿也没这么厚，更没这么大罢了。

在今日开封，我们管这种包子叫“角子”，因为它两头尖尖，有两个角，故此得名。事实上宋朝人有时候也管它叫角子。南宋夜市上有一种“水精角儿”，就是用烫面做皮的半透明状的长包子，因为它半透明，能看见里面的馅料，好像水晶，所以叫水精角儿。一部分研究宋朝饮食的朋友不明真相，读音生义，误以为水精角儿就是水晶饺子，进而下结论说宋朝人就管饺子叫角子，实在是大错特错。宋朝当然有饺子，可宋朝人只称其为“馄饨”。宋朝当然也有馄饨，可宋朝人却称其为“餶饳”。两宋三百年，“饺子”一词从未诞生。

简言之，角子即是面茧，而面茧却不完全等于酸馅儿。酸馅儿的外形虽然可以断定是两头尖尖的长包子，但未必所有的长包子都是酸馅儿，只有包了酸馅儿，它才得以成为酸馅儿。

照咱们现代人的常识，包子馅儿可荤可素，可咸可甜，唯独不应该酸，如果馅儿都酸了，那说明包子坏了，没有人会吃。可是我们不能用今人之心度古人之腹，我们不爱吃酸馅儿，不代表宋朝人不爱吃。

宋朝有一种饮料叫“浆水”，其实是发酵过后的米汤，再加点儿糖，回锅热一热。米汤稍作发酵，味道是酸的，酸中带些甜，并且略有酒味儿，加糖回锅，口感甚佳。现代中国当然不流行这种饮料，可是在韩国却很流行，不知道是不是继承了宋朝的遗风。

宋朝有一种米饭叫“水饭”，它跟今日东北农村的过水米饭完全不同，是用熟米和半发酵米汤配制而成的稀粥，味道同样是酸的，酸中略微带些甜。

同样的，宋朝人加工包子馅儿，一样可以将馅料发酵一下，使其形成独特的酸味儿，然后再包成那种两头尖尖的长包子，这应该就是真正的酸馅儿。包出酸馅儿，别上锅蒸，却用平底锅煎熟，煎得跟巨型水煎包一样，底部脆香，上面松软，应该就是宋四公打狗时所用的焦酸馅儿了。当然，这并不是最终结论，只是推测而已，因为迄今为止，所有存世的宋朝食谱均未提及酸馅儿的馅料究竟是不是要经过发酵。

为了验证发酵后的馅料能不能食用，我用泡发的腐竹、择蒂的木耳、洗净切丝的小白菜做了一盆馅儿，撒上作料，腌半小时，再用保鲜膜密封，常温下搁置一天一夜，第二天打开，酸气扑鼻，然后用这种酸馅儿包了一锅长包子。您猜怎么着？蒸出的包子鼓鼓的，口感更加松软，馅料更加爽口。我连吃了四顿，至今还没有拉肚子。

金盈之《新编醉翁谈录》写得明白，酸馅儿的馅料或荤或素，我为啥只用蔬菜做实验，而没用肉馅儿呢？第一，肉比较贵，实验成本比较高，万一发酵失败，我会挨妻子的骂；第二，在宋人诗话中，酸馅儿这种食品通常都是寺庙的常餐，以至于苏东坡在讽刺和尚诗歌的时候，会说“有酸馅儿气”。和尚大多食素，所以我想酸馅儿应该也是以素馅儿为主吧。

水 饭

说到水饭，东北的朋友应该不陌生。酷暑天气，煮一锅米饭，不要煮烂，一熟就停火，稍焖一会儿再出锅，扑通扑通，倒进刚汲上来的井水里，把米饭浸得冰凉，捞上来，粒粒分散，颗颗清爽，大热天来一碗，沁人心脾，这就是水饭。像这种食物，或者说这种吃法儿，在东北农村很流行，在河北农村也常见，据说东北的水饭还是打河北传过去的。

有的朋友不明就里，见东北人吃水饭，就想到东北原是满洲故地，就以为水饭是满人发明的。

其实水饭的历史要比满人早得多。元杂剧《伊尹耕莘》第一折有这么一段唱：

> 俺虽是庄农田叟，闲游北疃南庄，新捞的水饭镇心凉，半截梢瓜蘸酱。

“新捞的水饭镇心凉”，说明元朝就有过水拔凉的水饭；“半截梢瓜蘸酱”，说明元朝人吃水饭还有配咸菜的习惯。现在东北人吃水饭也喜欢配咸菜，可见我中华民族的饮食习惯实在是源远流长。

元朝有一本地方志叫《析津志》，描写当时北京风土人情，有一段关于水饭的详细描写：

> 都中经纪生活匠人等，早晚多便水饭。人家多用木匙，少使筋，仍以大乌盆、大勺，就地分坐而共食之。菜则生葱、韭、蒜、酱、干盐之属。

北京城里的小商小贩小市民一天早晚都吃水饭，少用筷子，多用勺子，将水饭捞到大木盆里，用勺子挖着吃。配菜也很简单，不是葱蒜韭，就是干盐酱。我有一哥们儿是河北霸州人，2011年夏天我去北京出差，回程时专门拐到霸州去看他。他亲自下厨，请我在他家里喝酒，酒后的主食就是水饭，也是用大盆来盛，用勺子挖着吃，跟《析津志》描写的一模一样，更证明此种水饭由来已久。

不过元朝的水饭并不只有一个版本。元杂剧《窦娥冤》第三折，窦娥蒙受不白之冤，被押赴刑场杀头，她婆婆去送行，她吩咐婆婆道：

> 念在我窦娥服侍了婆婆这几年，我死后，逢年过节在我坟头前洒一碗凉浆水饭。我受刑后，你在我尸骨上烧些纸钱，只当是祭奠你死去的孩儿罢！

窦娥在这里所说的水饭，已经不是刚才我们说的那种过水拔凉、粒粒分散的水饭了。为啥？窦娥说得明白，“洒一碗凉浆水饭”，当“水饭”跟“凉浆”捆到一块儿说的时候，它指的其实是一种在现代中国已经绝迹的稀粥：酸酸的、甜甜的、凉凉的、经过发酵的、上有薄米漂浮、仿佛甜酒酿一样的稀饭。

我们都知道甜酒酿的做法：米饭蒸熟，摊开放凉，拌入酒曲，搅匀封存，迅速发酵，加水加热，加热的时候最好再放些糖，酒精度很低，甜度很高，乳白色的酒液表层漂浮着几粒干瘪的米粒……

可是凉浆水饭不是这样做的。按宋朝养生宝典《奉亲养老书》的记载，做凉浆水饭的前提是做“浆水”。

何谓浆水？半发酵米汤是也。熬一锅稀粥，将米粒熬化，先放凉，再拌入极少量的酒曲（也可以用蒸馒头用的饭曲代替），盖上锅盖儿，端到温度适宜的地方，最多等上一天一夜，锅里的稀粥就会咕嘟咕嘟冒出细泡，本来挺安静挺清雅的米粥变得白浊难看，跟吐了一锅唾沫似的。这时候再起火加热一下，使发酵停止，浆水就做成了。

有一位名叫贾铭的老先生，生在南宋，活在元朝，死于大明，一生经历三个朝代，见闻非常广博，他讲过另一种做浆水的方法：

> 炊粟米熟，投冷水中，浸五六日，成此水。

把小米（即粟米，又叫谷子）蒸熟，放到凉水中浸泡，泡上五六天，那锅凉水会自自然然地变成浆水。

贾铭的方法非常简单，竟然不需要拌曲，因为在盛夏时节，空气中活跃着大量的酵母菌，自动会往食物里钻，想拦都拦不住。在酵母菌的努力耕耘下，一部分淀粉会转化成糖，进而再转化成酒精，甚至会转化成醋。另外空气中除了酵母菌，还有别的微生物，它们会让稀粥迅速腐败。故此贾铭又说："浸至败者损人，……水浆尤不可多饮，令绝产。"浆水容易腐败，容易发酵过度，千万别多喝，喝多了会生不出孩子来的。

所以我们最好做浆水的时候，千万不要等它全部转化，当浆水闻起来微微有点儿酸的时候，赶紧加热，将酵母菌和其他微生物统统弄死，使其不至于腐败，使其有糖而无酒，喝起来自然酸酸甜甜，虽然没有加糖，却好像加糖了一样。

中国古人的造糖技术并不高明。秦汉魏晋，中国无糖，老百姓想吃甜，只能寻找天然的糖源，例如蜂蜜、水果、甘蔗汁。到了唐朝，我们从印度学会制糖技术，却只能制出原糖，不能制出白糖。进入宋朝，制糖工艺大踏步前进，糖产量提高了，纯度较高的白糖也出现了，不过那时候的白糖并不是真正的白糖，而是在熬炼糖浆时结晶的糖霜。糖霜很稀缺，价格很昂贵，老百姓买不起。事实上，就连经过初步提炼的原糖也很贵，升斗小民也不是家家都能买得起的。买不起，又想吃甜，怎么办？只有从食物发酵上想办法，让稀粥发酵出甜味来。

稀粥发酵出甜味，是为浆水。再利用浆水将米饭变甜，就成了凉浆水饭。具体做法如下：

蒸熟米饭以后，趁热盛出，浸泡到浆水里面去，待米饭自然变凉，就可以捞出来吃了。不过也可以不捞出来，连浆水带米饭一块儿吃。

上述做法并不是宋朝人发明的，更不是元朝人发明的。南北朝时著名典籍《齐民要术》有载：

> 投飧时，先调浆，令甜酢可适口。下热饭于浆中，尖出便止。宜少时住，勿使挠搅，待其自解散，然后捞盏，飧便滑美。若下饭即挠，令饭涩。

在南北朝时，凉浆水饭被称为“飧饭”。想把飧饭做得好吃，必须“调浆”，也就是制作浆水，浆水又必须“甜酢可适口”，也就是甜酸要适度（“酢”即酸之义）。有了浆水，将滚热的米饭放进去，千万别急着捞，要等到饭团自然散开，才会甜甜软软，口感很滑。假如你心急，一放进去就搅动，水饭就涩了。

我不知道水饭在南北朝地位如何，反正在宋朝饭局上，水饭一般是压轴的主食。例如北宋人王辟之在其著作《渑水燕谈录》中总结道：

> 士大夫筵宴，率以馎饦，或在水饭之前。

士大夫凑一块儿喝酒吃饭，主食一般都是馎饦和水饭，先吃馎饦，后吃水饭。

馎饦是一种面食，这种面食源自北方游牧民族（“馎饦”本是汉语对突厥语的音译），到了宋朝，它泛指一切用菜汤煮熟、无须过水添浇头的汤面。这种面食在宋朝传入日本，所以日本人现在仍然管汤面叫馎饦。

吃完了馎饦，再来一碗水饭，就像西方人吃完了大餐，最后再来一道甜点。为什么这样说？因为水饭经过了浆水的点化，既冰凉，又酸甜。

像这样的水饭，在现代中国应该是已经完全绝迹了。倒不是说我们现代中国人不懂得继承老祖宗的文化，而是因为现在已经不再缺糖。单从甜度上讲，用浆水泡甜的水饭绝对比不上直接加糖的米粥。另外凉浆水饭还有一条缺陷：做起来复杂，必须先做浆水，而浆水的发酵程度又不宜掌控，火候分寸掌握不好，是很容易让人闹肚子的。

老话说得好："礼失而求诸野。"中国的儒教出现了断层，我们可以在韩国找到；传统的饮食在中国失传，我们同样可以在韩国找到。

2012年，我去韩国出差，韩国一个出版商请酒，给我们每人点了一小碗汤。这碗汤挺甜，表面漂着一层米粒，很像甜酒酿，但是颜色发黄，还有泡沫，跟生啤似的。我请教其做法，翻译姑娘说，它是用麦芽汁和米做成的：一锅清水，一杯麦芽汁，一杯大米，一起熬煮，煮得稀稀的，常温下发酵六小时，完了再煮一下，可以趁热喝，也可以冰镇后饮用。据说这是最常见的餐后饮品，韩国人通常叫它식케（发音接近"息客"）。

据我推想，식케也许就是古代中国人做凉浆水饭所用的浆水，只不过韩国人用麦芽汁代替了酒曲。

吞鱼儿

我们这一代有两大共性：

第一，没有挨过饿。20世纪40年代的大饥荒，60年代的大锅饭，我们都没碰上，我们诞生的时候，城里已经“恢复政策”了，农村已经“包产到户”了，无论城里人还是农村人，家家户户都有白面馒头可以吃了。

第二，没有挨过揍。我说的挨揍不是小孩打架那种，也不是父母用武力管教孩子，而是战火连天，民不聊生，平头百姓坐在家里，会无缘无故挨枪子吃流弹的那种。这种要人小命的揍，我们从来没挨过，因为我们侥幸生在了和平年代，侥幸生在了没有战争的中国。

但是我们这一代也有很多不同，其中最大的不同就是出身不同。同样是80后，有的生在城里，有的生在农村，有的生在沿海，有的生在内地，有的生在豪门，有的生在寒门，有的号称“高富帅”，有的被评“矮穷丑”，前者一身国际范儿，后者一身土鳖味儿。

我就属于一身土鳖味儿的那种人，十岁以前没去过县城，十五岁以前没见过火车，十七岁那年考上大学，才第一次走进大城市，那时候连怎样乘坐地铁都不知道。后来大学快毕业，跟着导师挣了一笔钱，带女朋友去我心目中最高档的馆子里吃饭，服务员推荐了一份鱼翅，我还犯嘀咕："鱼刺怎么能吃？那不是扎喉咙的东西吗？"听服务员一解释，我才知道原来鱼翅就是鲨鱼的鳍！

越土鳖的人越怕被别人笑话，为了掩饰身上浓郁的土鳖气质，我选择拼命看书，看别人不屑看或者看不懂的古书。我以前不是没吃过鲨鱼鳍吗？OK，我去研究古人怎样吃鲨鱼，等研究出心得，拿到餐桌上噼里啪啦那么一讲，身上的土鳖味儿立马烟消云散，再也不会有人笑话我把鱼翅当成鱼刺了。

研究之后我发现，宋朝人也爱吃鲨鱼，不过他们吃的不是鲨鱼鳍，而是鲨鱼皮。

鲨鱼皮真是好东西，能做剑鞘，能做刀鞘，能做盔甲，能做钱包，居然还能吃。怎么吃？"煮熟，剪以为羹，一缕可作一瓯。"（庄绰《鸡肋编》卷上）去砂，煮软，剪成长条，炖汤喝，一条能炖一小锅。炖完汤，皮不断，用筷子挑出来，丝丝缕缕盘在碗里，就跟长寿面似的。夹住一头，往嘴里一放，使劲一吸，哧溜哧溜往里钻，又嫩又滑又筋道，嗯，好吃！

宋朝有位游师雄，陕西人，没见过鲨鱼，更没吃过鲨鱼皮，他跟我念大学的时候一样土鳖。游师雄的朋友炖了一锅鲨鱼皮，给他盛一碗，他三下五除二就给消灭了。朋友问："味新觉胜平常否？"这玩意儿就是传说中的鲨鱼皮，你感觉怎么样？跟你平常吃的东西不是一个味道吧？他愣愣地说："将谓是馎饦，已哈了。"原来是鲨鱼皮啊，你咋不早说？我还以为是面条呢，没过牙就吃了，啥味道？我没尝啊！

故事讲到这里，问题来了：游师雄吃鲨鱼皮不过牙，生吞下肚，是因为他把鲨鱼皮当成了面条。为什么一当成面条就生吞下肚，完全不咀嚼呢？因为宋代陕西有一种非常独特的饮食习惯——“食面盖不嚼也”。平常吃面从来不嚼，都是生吞。

听了这个解释，大伙可能会觉得荒唐：“吃面哪有不嚼的？太傻了吧？”其实也没啥可奇怪的，我的老家豫东农村也有这样的饮食习惯，吃拨鱼儿的时候就不嚼。

拨鱼儿是面食的一种，做法简单：调一碗面糊，烧一锅水，待水开了，用大勺子舀一勺面糊，架到锅上，再用小勺子往外拨，左拨一下，右拨一下，面糊一条条飞进锅里，先沉底，再上浮，一个个都是大头小尾巴，扁扁的身子，状如小鲫鱼，故名拨鱼儿。拨鱼儿煮熟，捞出过水，浇上菜汁，多放醋，多放红油，酸酸辣辣的，汤味很正。

拨鱼儿的汤味非常重要，拨鱼儿本身的味道就不太被人关心了。为什么不关心？因为我们那儿的小孩子打小就受到非常土鳖的饮食教育：“拨鱼儿不是用来嚼的，是用来喝的！”吃拨鱼儿不能嚼，它什么味道也就不重要了，连汤带鱼儿一起吞吧。所以在我们老家，吃拨鱼儿不叫吃拨鱼儿，叫“吞拨鱼儿”。

吃面不嚼科学不科学？绝对不科学。不管是从健康角度说，还是从饮食体验上说，吃面都应该嚼一嚼，不嚼就不利于消化，不嚼就体会不到食物的质地和口感，不嚼就不能充分享受食物的味道。

当然，如果食物味道太差，同时又非吃不可，那最好还是不嚼。

当年苏东坡流放海南，苏辙流放广东，哥俩在广西碰头，路上饿了，吃路边摊，味道奇烂，苏辙难以下咽，苏东坡两口吃完，苏辙佩服得五体投地，说：“哥，你真行，你是怎么咽下去的？”东坡笑了：“九三郎（苏辙在家族中排行九十三），尔尚欲咀嚼耶！”（陆游《老学庵笔记》）这么难吃的饭，你还想细细品尝啊？我都不敢嚼，直接送进去！

我小时候挑食，我奶奶经常给我讲我爸吃红薯的故事：大锅饭时代，我爷爷得罪了村干部，秋后分粮食，分了一担红薯，全是坏的，猪都不吃，可是人得吃，不吃不行，饿啊。我奶奶煮了一锅红薯稀饭，所有人都鼓起勇气尝了尝，随即都呸呸呸地吐了出来，只有我爸毫不介意，一连吃了两大碗。我奶奶问他：“小二（我爸行二），你咋不嫌苦？”我爸一边漱口一边说：“唔~~~我没嚼……”其实不嚼也能感觉到苦，但是如果细嚼慢咽的话，那就更苦了。

以上两段故事都是真的，都是历史——前者是野史，后者算是口述史。这些历史告诉我们，嚼有嚼的好处，不嚼有不嚼的好处，在特定的时候，吃饭并不一定要嚼。

喝粥可以不嚼，喝汤可以不嚼，吃特别难吃的食物最好不要嚼（其实最好是不去吃它）。宋朝陕西的面条，今日豫东的拨鱼儿，非汤非粥，而且并不难吃，干吗不嚼呢？原因无他，那只是一种习俗，或者说只是一种传统。

什么是习俗？就是别人怎样，你也跟着怎样。什么是传统？就是过去怎样，现在也怎样。别人不一定正确，过去不一定科学，可是我们仍然会模仿别人的不正确、延续过去的不科学。

据说科学家们做了一个实验。

第一天，找四只猴子，在它们能看见的地方放一堆香蕉。猴子爱吃香蕉，乐坏了，去抢，科学家立即过来一顿胖揍，揍得猴子吱吱乱叫。

第二天，还是这四只猴子，仍然在它们看得见的地方放一堆香蕉。猴子记吃不记打，又去抢，又挨了一顿揍。

第三天，还是这四只猴子，还给它们备好香蕉，还不让吃，谁吃谁挨打。

如此这般过了半个月，四只猴子形成条件反射了，看见香蕉就怕，送到嘴里都不敢吃了。这时候科学家又找来两只新猴子，让它俩跟四只老猴子生活在一起。您猜怎么着？新猴子只要一吃香蕉，就会挨老猴子的打，打得新猴子也不敢吃香蕉了。

一个月以后，科学家撤走老猴子，留下那两只新猴子，它们不挨打了，可是仍然不敢吃香蕉。科学家又送了一只新新猴子进去，每当新新猴子要吃香蕉的时候，那两只已经不新的新猴子就像过去老猴子打它们一样打新新猴子，直到新新猴子也不敢吃香蕉……

我不知道科学家们是不是真的做过这个实验，我也没有机会来验证这个实验是否靠谱，因为我没有猴子，即使有，也不敢打它们——纯粹是虐待动物嘛！但我觉得这个实验是靠谱的。我的意思是说，如果我们做了这样的实验，实验结果会跟前面描述的一样，只要新猴子敢吃香蕉，它就会挨老猴子的打，因为这个猴群里已经形成了不吃香蕉的传统。

人不是猴子，但人跟猴子有两大共性：第一，都有条件反射；第二，都懒于思考。上一代有了条件反射，会传给下一代，下一代再把它传给下下一代，传不了三代，就成规矩了，就成传统了，人人在传统面前都懒于思考，都不假思索地当它是天经地义。

据我推测，宋朝陕西吃面条不嚼，豫东农村吃拨鱼儿不嚼，极可能是因为某个或者某几个老祖先在饥饿时代生活了一辈子，天天跟人抢饭吃，终于总结出了“不嚼才能比别人多吃”的妙诀，于是郑而重之地将其传给了后代，后代再将其传给更远的后代，传得越久，越没有人质疑。

后代们未必挨饿，未必要跟人抢饭，可是老祖宗都说不嚼为好，那一定是有大道理的，咱就别叛逆了，也跟着吞吧。

第三章

无肉不欢

东坡肉和东坡鱼

苏东坡在湖州当市长的时候，因为乱讲话，得罪了御史中丞。中丞很生气，后果很严重，老苏很快被捕入狱。

被捕那天，苏东坡正在大堂上办公呢，一帮军警直冲上去，二话不说，将老苏捆了个鸭子凫水，牵着就走。老苏吓坏了，连问何事，领头人恶狠狠地说："御史中丞召！你犯了泼天大罪，御史中丞要找你问话！"老苏只好乖乖地跟着走。他的老婆孩子在后面追，边追边哭成一片。老苏也哭了，高喊着弟弟苏辙的名字嘱咐道："子由，以妻子累尔！"兄弟，做哥哥的小命难保，你嫂子你侄子以后都要靠你养活了。

到了首都开封以后，苏东坡被打入天牢，他的大儿子苏迈进去探监，他嘱咐道："送食惟菜与肉，有不测则撤二物，而送以鱼。"（《避暑录话》卷下）你在外面帮我好好打探消息，如果皇上不杀我，你就一天三顿送菜送肉给我吃；如果听说朝廷定我死罪，你就送一条鱼过来，提醒我尽快安排后事。

苏迈很听话，每天按时去送饭，顿顿都是两个菜，一道素的，一道荤的，不送鱼。如此这般送了一个月，钱花光了，苏迈去陈留（位于开封东郊）找亲戚借钱。那时候交通不便，从开封到陈留走一趟得花一整天，苏迈怕老爹饿着，去之前专门委托一个熟人：“我爸在牢里关着，今天就麻烦您给他送饭了。”他光顾着让人家送饭，却忘了告诉人家别送鱼，结果那个熟人送了一条咸鱼进去，可把苏东坡吓坏了，以为很快就要杀头，一口气写了好几首绝命诗……

故事的结局我们都知道：太皇太后帮苏东坡求了情，皇帝开恩没杀他，只把他流放到了黄州而已。

今天之所以要给大伙讲这个故事，主要是想说说苏东坡的饮食偏好。单从他让儿子送的饭来看，他应该爱吃菜，也爱吃肉，但应该不爱吃鱼。假如他爱吃鱼胜过爱吃肉，那他更可能这样嘱咐：“送食惟菜与鱼，有不测则撤二物，而送以肉。”只要朝廷不判我死罪，你就一直送鱼过来，除非我小命难保，你再送肉。我的意思是说，在这里好食物代表好消息，坏食物代表坏消息，苏东坡既然让儿子用肉报平安，用鱼报凶信，说明他讨厌鱼，平常不怎么爱吃鱼。

现存文献中处处可以见到苏东坡爱吃肉的记载。

此公流放惠州后，曾给弟弟苏辙写信，怀念当年在朝中做官时的饮食待遇：“三年堂庖所食刍豢，灭齿而不得骨。”（《仇池笔记》卷上《众狗不悦》）在中央食堂吃了三年肥羊肉，一口咬下去，满嘴都是肉，啃半天都啃不到骨头。等到去惠州当老百姓，俸禄停了，免费食堂吃不到了，只能自己买肉吃。他买不起，整天萝卜白菜，只好去集市上买点儿羊脊骨打打牙祭：“骨间亦有微肉，熟煮熟漉，若不熟，则泡水不除，随意用酒薄点盐炙微焦食之，终日摘剔，得微肉于牙綮问，如食蟹螯，率三五日一食，甚觉有补。”（同上）羊脊骨俗称“羊蝎子”，丫丫杈杈一长串，没什么营养，不适合炖汤，好在骨缝里总有剔不净的残肉，老苏买回家，先煮后烤，用牙签剔着往嘴里送，一副羊蝎子能吃一整天，跟吃螃蟹似的，三五天吃一回，又便宜又解馋。

在流放惠州之前，苏东坡还曾经流放黄州，黄州一农民家里耕牛得病，被他买了下来，拉到城外偷偷宰掉，“乃以为炙”（《春渚纪闻》卷六《牛酒帖》），做成烤牛肉吃。按宋朝法令，耕牛是生产资料，任何人不得私自宰杀，否则宰牛人与买牛肉者都有罪，而老苏竟敢违反这一禁令，说明他相当馋肉，既爱吃羊肉，也爱吃牛肉。

当然，苏东坡也爱吃猪肉。

现在有一道极为常见的菜叫“东坡肉”，各地做法不同，有的先煮后烧，有的先煮后蒸，有的直接焖煮收汁，但是选用的主料和成品菜的造型都大同小异，主料都是半肥半瘦，成品菜都是码得整整齐齐的麻将块儿，红得透亮，色如玛瑙，夹起一块尝尝，软而不烂，肥而不腻，又好看又好吃。据说这道菜正是苏东坡的发明。

苏东坡确实做过猪肉，但他应该没做过东坡肉。《苏轼文集》中唯一记载猪肉做法的文章是一则《蒸猪头颂》：“净洗锅，浅着水，深压柴头莫教起。黄豕贱如土，富者不肯吃，贫者不解煮。有时自家打一碗，自饱自知君莫管。”相对羊肉而言，猪肉在宋朝是低贱之物，“御厨不登彘肉”（《后山谈丛》卷二），猪肉进不了御厨房；“士夫不以彘为膳”（《甲申杂记》卷上），士大夫不吃猪肉；在北宋中叶，羊肉售价五六百文一斤，猪肉售价八九十文一斤（参见王仲荦《金泥玉屑丛考》），猪肉比羊肉便宜好多倍，故此苏东坡说“黄豕贱如土，富者不肯吃”。穷苦老百姓倒不嫌猪肉低贱，可是他们不懂得烹调窍门。苏东坡认为窍门很简单：“净洗锅，浅着水，深压柴头莫教起。”四个字儿概括，“小火慢烧”而已。

小火慢烧蒸猪头，耐心等，等火候到了，猪头自然会烂，但仅凭这个就能把猪头做好吃吗？肯定不能。猪头有浓重的脏器味儿，怎么去除？是在上锅之前用碱面搓洗？还是在出锅之后用酱料调制？抑或蒸之前先炖煮一番，撇去腥沫，过水改刀？苏东坡统统没提。

我常常怀疑苏东坡是否真会烧菜。没错，他是美食家，他的《老饕赋》《饮酒说》《沙羊颂》《蒸猪头颂》写得都很生动，隔了千年再读，依然活色生香，但美食家未必是好厨子，能写美食的人未必能做美食。对于苏东坡的真实手艺，宋人叶梦得略有论述：“苏子瞻在黄州作蜜酒，不甚佳，饮者辄暴下，蜜水腐败者尔，尝一试之，后不复作。在惠州作桂酒，尝问其二子迈、过，云亦一试之而止，大抵气味似屠苏酒，二子语及，亦自拊掌大笑。”（《避暑录话》卷上）说的是苏东坡在黄州发明过蜜酒，试图用蜂蜜酿出美酒来，结果失败了，所酿的“美酒”让人一喝就拉稀；后来在惠州又发明桂酒，试图在酒中掺入桂子，结果也失败了，他的儿子苏迈和苏过品尝过之后都说很难喝，跟药汤似的。

据苏东坡自己说，他擅长做鱼羹，而且他做的鱼羹还得到多人点赞：“予在东坡，尝亲执枪匕，煮鱼羹以设客，客未尝不称善，意穷约中易为口腹耳！今出守钱塘，厌水陆之品，今日偶于仲夫贶、王元直、秦少章会食，复作此味，客皆云此羹超然有高韵，非世俗庖人所能仿佛。”（《东坡志林》卷九《书煮鱼羹》）早年流放黄州，曾经为客人炖鱼汤，客人尝了都说好。后来到杭州当市长，大鱼大肉吃腻了，跟几个朋友小聚，心血来潮，再一次亲自下厨，又照老样子炖了一锅鱼汤，朋友们都夸老苏手艺一流，鱼汤炖得非同凡响，饭店里的厨子学不来。

我们刚才在前面推测过，说苏东坡可能不爱吃鱼。既然不爱吃鱼，他怎么能擅长做鱼羹呢？其实很简单，猪肉在宋朝很便宜，鱼比猪肉更便宜，苏东坡穷到买不起猪肉的时候，只好买鱼来解馋，做鱼做得多了，自然就把手艺练出来了。

最后说说苏东坡究竟是怎么炖鱼汤的：

“其法以鲜鲫鱼或鲤治斫，冷水下，入盐如常法，以菘菜心芼之，仍入浑葱白数茎，不得搅。半熟，入生姜、萝卜汁及酒各少许，三物相等，调匀乃下。临熟，入橘皮线，乃食之。”（《苏轼文集》卷三十四《煮鱼法》）

鲜活的鲫鱼或鲤鱼来一条，刮鳞抠腮，摘净内脏，鱼腹去黑膜，鱼背抽白筋儿，不腌不炸，冷水下锅，锅里放盐，加入半棵菜心、几根葱白，盖上锅盖儿开始炖煮，不要用勺子翻动，以免鱼肉散开、鱼身走形。煮到半熟，再放入三样配料：姜汁、萝卜汁、料酒。这三样配料按照同样的数量备好，放在一个碗里调匀，然后再倒入鱼汤里同炖。快要出锅的时候，再将陈皮切丝，撒几根在锅里，就可以停火品尝了。

我依葫芦画瓢，照苏东坡的做法做了两次试验，一次是炖鲤鱼，一次是炖鲫鱼。坦白说，只要火候到家，炖出来的汤色挺正的，洁白浓稠如牛奶；汤味呢，勉强说得过去，略微能尝到鱼的鲜甜；所不能原谅的是鱼肉，一夹就散，入口极淡，还有一股土腥气。

我觉得吧，如果将来哪家馆子想在东坡肉之外再开发一道“东坡鱼”或者“东坡鱼羹”的话，肯定会对苏东坡的烹调方法加以改良，炖鱼之前即使不想挂粉炸黄，至少也要用盐和麻椒腌一腌嘛！

肥肉比瘦肉贵

进入正题之前，请允许我先给大伙讲一段鬼故事。

说是北宋末年，浙江嘉兴有一个录事参军，名叫洪皓。

洪皓是个清官，人品正直，不贪不占，从来不徇私枉法，从来没有做过一件亏心事。俗话说，不做亏心事，不怕鬼敲门，可奇怪的是，洪皓家里却经常闹鬼。

有一天夜里，洪皓的仆人在院子里收拾东西，正收拾着，突然把东西一扔，连滚带爬跑进屋里。洪皓问他怎么回事儿，他说："外面有个鬼！"

洪皓是儒家门生，一向信奉"子不语怪力乱神"的宗旨，听仆人说有鬼，他根本不信，以为那个仆人眼花了。

又过了一天，洪皓的小儿子正端着饭碗吃饭，吃着吃着不对劲了，饭碗哐啷一声掉在地上。再看那小儿子，两眼翻白，指着门外说："水，水，水！"洪皓出去一看，外面根本没有水，他开始怀疑家里确实有个鬼怪在捣乱。

第三天，洪皓加班处理案子，回去得有些晚，深夜才到家。他的小老婆跑过来给他换衣服，刚把洪皓官袍脱掉，小老婆扑通一声倒在地上，四肢抽搐，浑身发抖，就跟犯了羊痫风一样。

洪皓又惊又怒，决心把事情弄个水落石出，他抽出官袍外面的腰带，把小老婆牢牢捆住，然后喝问道："你到底是人是鬼！"

只听他的小老婆用低沉的男声悠悠地说："我…是…鬼…"

"人有人道，鬼有鬼道，你既然是鬼，干吗不去阎王那里等着投胎，跑我家捣什么乱！"

那个鬼回答道："我是嘉兴的农民，您在嘉兴做官，应该还记得前年咱们这儿发过大水吧？那场大水过后，老百姓没饭吃，等到官府赈灾的时候，有些人已经饿死了，成了饿死鬼，我就是其中的一个。阎王不收留饿死鬼，所以俺们只好回到阳间做孤魂野鬼了。"

洪皓接着问："那你干吗到我家来作祟？"

鬼说："您是官嘛！官的小日子比平常人过得好，家里肯定有很多好吃的，我在这里能偷些食物吃。"

洪皓明白了："怪不得前天我儿子吃饭的时候会扔掉饭碗，原来是你在跟他抢饭吃啊！好了，以后只要你别再捣蛋，我会让家里人专门给你准备饭菜的。"

那个鬼趴到地上连连磕头："谢谢洪大老爷！不过请您告诉家人，以后尽可能多给我来点儿肥肉，例如肥猪肥鹅什么的，千万不要再炖鸡肉了，瘦鸡没有肥鹅好吃。"

洪皓答应了他，于是那个鬼就离开了他小老婆的身体，从此再也不作祟了。

这个故事出自南宋最厚重的志怪体小说集《夷坚志》。我们知道，《夷坚志》的作者名叫洪迈，洪迈的爸爸就是洪皓，也就是刚才故事里那位审鬼的录事参军。换句话说，洪迈写的这段鬼故事其实就发生在他们自己家。

世界上当然没有鬼，现在没有，宋朝也没有，无论洪迈把鬼故事讲得多么逼真，都不可能是真事儿。不过洪迈的讲述反映了宋朝的社会习俗，反映了宋朝人的饮食习惯。宋朝人有什么饮食习惯？他们就跟刚才故事里那只饿死鬼一样，喜欢吃肥肉，不喜欢吃瘦肉。

北宋初年，吴越国王钱俶归顺大宋皇帝赵匡胤，赵匡胤派御厨给钱俶准备盛宴，指定要用最好的食材，于是御厨宰了一只“肥羊”。（参见蔡绦《铁围山丛谈》）宋朝疆域狭小，缺少适合牧羊的区域，上至宫廷，下至平民，所需羊肉和羊毛主要来自进口，所以羊肉比较稀缺，也比较珍贵，所以大宋御厨用羊肉来招待吴越国王是很合适的。但为什么要用肥羊而不用瘦羊？就是因为在宋朝人心目中，肥肉要比瘦肉贵重得多。

写于元末明初的名著《水浒传》里也经常提到，那些生活在宋朝的梁山好汉喜欢肥肉胜过喜欢瘦肉。例如九纹龙史进给少华山上的三个寨主送礼物，“拣肥羊煮了三个”。说明他们爱吃羊肉，尤其爱吃肥羊肉。阮氏三雄请智多星吴用吃饭，来到一家小酒馆，问店小二有什么下酒菜，店小二说：“新宰得一头黄牛，花糕也相似好肥肉。”阮小二一听有肥肉，立马兴奋起来，吩咐伙计：“大块切十斤来！”说明他们哥几个也是爱吃肥肉的。

宋朝人喜欢肥肉，明朝人和清朝人也喜欢。元末明初有一本教外国人学汉语的教科书叫《朴通事》，书里有一段士大夫聚餐的场景：“众兄弟们商量了，咱们三十个人，各出一百个铜钱，共通三千个铜钱，够使用了。着张三买羊去，买二十个好肥羊，休买母的，都要羯的。又买一只好肥牛。”

请注意，他们计划要买的“好肥牛”“好肥羊”，都是肥肉。

还有写于清朝的著名讽刺小说《儒林外史》，该书只要写到某人请客，只要宴席比较丰盛，一定少不了肥肉。例如《儒林外史》第十八回胡三公子请客，“当下走到街上，先到一个鸭子店，三公子恐怕鸭子不肥，挖下耳挖戳戳，脯子上肉厚，方才叫景兰江讲价钱买了”。瞧见没？买鸭只买肥鸭，不够肥就不买，膘不厚也不买。该书第十九回潘三请客，“饭店里见是潘三爷，屁滚尿流，鸭和肉都拣上好的极肥的切来”。说明只有“极肥的”才是“上好的”，只有用最肥的肉待客，才显得隆重，显得好客，显得上档次。

如果大家觉得小说不足以说明问题，OK，咱还可以翻翻清宫档案，看看皇帝和皇太后的菜单。

咸丰十一年（1861）腊月三十，御厨给刚登基没几个月的小皇帝同治备办御膳，膳单里包括四样“万年如意大碗菜”：燕窝万字金银肥鸭、燕窝年字金银肥鸡、燕窝如字锅烧肥鸭、燕窝意字什锦肥鸡。四道大菜组成“万年如意”四个字，没有一道离得开肥肉。

咸丰十一年十月初十，清朝历史上最烧包的皇太后慈禧（慈禧本是咸丰的贵妃，但咸丰十一年咸丰皇帝已经去世，故此慈禧升格为皇太后）吃早点，膳单里赫然写着一道“燕窝肥鸭丝”。

也许同治和慈禧并不一定爱吃肥肉，但是御厨给他们供奉的膳食以肥肉为主，正说明古人习惯上认为肥肉比瘦肉要贵重，适合让尊贵的人去享用。

从春秋战国就开始编写、一直到西汉才定型的儒家典籍《礼记》是这样记载待客之道的：“冬右腴，夏右鳍。”意思是说，在冬天里，鱼肚子那个地方肥肉最多，到了夏天，鱼脊背那个地方肥肉最多，所以冬天端鱼上桌的时候，要把鱼肚朝向客人，夏天端鱼上桌的时候，要把鱼背朝向客人，这样才能让客人吃到最肥的部位。

宋朝人待客也是这样。贵客上门，主人摆上酒菜，“常恐其不肥”（朱熹语），唯恐桌子上的肉不够肥，惹得客人不高兴。宋朝人做了官，或者发了财，过上了好日子，喜欢用四个字来形容：“坐享肥浓。”（《事林广记》卷八《富贵不可骄人》）“肥”是指肥肉，“浓”是指浓汤，只有吃上了肥肉、喝上了浓汤，才代表生活水平提高了。

把古人热爱肥肉的饮食习惯搬到今天，肯定不会被大家接受。我们知道，跟肥肉相比，大多数现代人更喜欢瘦肉。我吃过北京全聚德总店的烤鸭，以前的鸭子那叫一个肥，吃一片满嘴流油，现在的鸭子配料没变，口感却柴得要命，因为时代变了，大多数顾客都讲究养生，讲究减肥，肥鸭已经被大家扫进历史的垃圾堆了。除了鸭肉，鸡肉、猪肉、羊肉、牛肉莫不如是，只要是肥肉，一定比瘦肉便宜，比瘦肉低级。不信您去任何一家超市的鲜肉柜台上看看价格，精瘦的里脊一定比肥厚的腩肉贵出两三倍甚至更多。

古人未必不讲究养生，但是在古代，大多数老百姓连温饱都不能保证，遑论减肥。从口味上讲，肥肉比瘦肉更解馋。从热量上讲，吃一斤肥肉要比吃一斤瘦肉更耐饿。所以大多数古人喜欢肥肉，并把餐桌上的肥肉当成好客的象征，当成过上好日子的象征。

多吃肥肉容易有肚腩，颇为现代女生所不喜，好在宋朝人的审美跟今天不一样。我看过不少宋朝人物画，例如《中兴四将图》《田畯醉归图》《西园雅集图》……画中男子无论贵贱，一律长着大肚腩，特别是《中兴四将图》里的岳飞，肚子大得跟怀孕八个月似的。兴许在那个以吃饱肚子为主要诉求的落后时代，成年男子肚腩越大，就越显得威武雄壮吧。

动物油称王的岁月

咱们中国人喜欢炒菜，炒菜必须用油，这油通常是大豆油、花生油、菜籽油、芝麻油、玉米油、橄榄油、调和油……总之都是植物油，很少会用到动物油。不像老外，日常烹饪总是离不开牛油和奶油。

当然，咱们偶尔也用用动物油。比方说做广式月饼，得加少量猪油，不然月饼不酥。再比如说街头小贩烤羊肉串，必须要用羊油。把羊油刷到羊肉上，烤起来安全，色不会焦，肉不会柴。炭火一炙，肉丁膨大起来，香飘十里，诱人品尝，那都是羊油的功劳。

顺便说一句，现在至少有一半烤串不是用羊肉做的，而是用鸭肉做的。鸭肉切丁，用嫩肉粉和羊肉精泡一夜，隔天串起来，再用羊油一刷，肉质像羊肉，味道也像羊肉，骗人骗得很成功。江湖上传言：不良小贩用羊尿浸泡鸭肉，以此蒙骗顾客。其实没有这回事儿。第一，搜集羊尿是需要大量时间和超强耐心的，假如上市销售，售价必定很高；第二，用羊尿浸泡出来的鸭肉并没有羊肉味儿，大家要是不信，不妨亲自做个实验。

做烤串用羊油，做月饼用猪油，小馆子里做包子和蒸饺通常也会用到这两样。在我老家县城吃饭，猪肉包子里没有猪肉，只有猪油；羊肉饺子里没有羊肉，只有羊油。这跟黑心小贩用鸭肉冒充羊肉一样，都是为了降低成本，而不是为了满足顾客的需要。众所周知，现在的顾客不需要摄入动物油，也不喜欢摄入动物油。为啥？嫌动物油太腻，同时也不想增加过量的胆固醇，以免血压升高，体型肥胖，糖尿病、心脏病、脂肪肝、脑血栓纷至沓来。

有意思的是，现代中国人厌弃动物油，古代中国人却把动物油当成宝贝。

早在周朝，周天子的膳单上有三样美食。哪三样？淳母、淳熬、肝膋是也。“淳母”是盖浇米饭，“淳熬”是盖浇高粱饭，均用肉汁做浇头，完了都要再浇一勺熬好的动物油。“肝膋”是用狗肝做的，把狗肝放到狗油里煎熟。煎狗肝的时候，周天子担心狗肝表层过老、内层不熟，简言之，他怕狗肝夹生，所以又在狗肝外面包上一层狗网油。狗网油是什么东西？就是狗大肠外面包裹的那层网状油膜，其主要成分自然是脂肪啦！

吃盖浇饭，浇动物油；吃狗肝，用动物油去煎。如此吃法，周天子难道就不怕发胖吗？不怕。为什么不怕？原因有三：第一，淳母、淳熬和肝膋都是稀缺美食（它们是周朝“八珍”里的三珍），即便贵为天子，也不可能天天都吃；第二，上古之人普遍缺乏营养，当时养生观念里并没有减肥这一项；第三，那时候只有动物油，没有植物油，只要是煎炸食物，想不用动物油都不行。

植物油进入中国的时代是很晚的。

芝麻油很好吃吧？可是从商周时期到春秋战国根本就没有芝麻油，因为芝麻是外来作物，要到公元前2世纪才从中亚引进过来。

菜籽油也很好吃吧？比芝麻来中国的时间还要晚，中国人在公元2世纪学会种植油菜，然后到公元3世纪才开始用油菜籽压榨菜籽油。

大豆油更晚，按《齐民要术》的记载，南北朝时期刚刚发现大豆含有油脂，但并没有出现相应的压榨工艺（压榨豆油比压榨芝麻油难得多），中国人广泛食用大豆油是在元朝以后。

花生油就更晚了。16世纪初，闽粤侨商从印尼马鲁古群岛引进花生，最初的一百多年只在福建、广东、浙江等地栽种，到了18世纪才传到北方，我们河南老家种植花生则要等到19世纪以后。您想想，连花生都没有，何谈花生油！就在一百年前，清末大臣郑观应还没有吃过花生油，他说："洋落花生近年始入中国，加以洋字，以其来自西洋也。其颗粒甚肥大，其打油略少，故不宜榨油，荒年或煮食之。"这说明花生油在他那个时代相当稀缺。

此外还有棉籽油。从现有文献来看，棉花虽然在南宋就已经普遍种植，但宋朝文人没有提到过棉籽油，更没有提及棉籽油的压榨工艺，相关记载直到明朝典籍《天工开物》里才出现。推想起来，棉籽油走进中国厨房的时间应该不会早于明朝。

战国以前，中国没有植物油，只能用动物油烹饪食物。战国以后，植物油横空出世，但主要是芝麻油，芝麻油太贵，普通老百姓吃不起，仍然吃动物油。动物油有优点，也有缺点，它的优

点是很香，很有营养，缺点是不耐高温，油温一高，容易糊底，炒出菜来，颜色发黑，散发出刺鼻的焦肉味儿。另外从营养学上看，一旦动物油的油温超过两百度，就会产生大量的过氧化物，熬焦的油渣还会产生焦油和二甲亚硝胺等致癌物质。所以上古和中古时期并不流行炒菜，最多是煎一下，直到宋朝，芝麻油和菜籽油的压榨技术突飞猛进，植物油便宜了，老百姓消费得起了，炒菜和油炸食品才迅速登上广大人民的餐桌。

宋朝以前，植物油要么没有，要么昂贵，只能让动物油称王称霸；宋朝以后，植物油普及了，可是动物油仍然称王称霸。怎么个称王称霸法儿？容我慢慢道来。

首先是在观念上称王称霸：人们普遍认为动物油比植物油更有营养，能经常吃动物油的家庭才算得上小康之家。

大家还记得《儒林外史》中“范进中举”那一章吧，范进的老泰山是杀猪的，平日不缺油水，吃得肥头大耳，他去范进家做客，嫌范家太穷，对范进的母亲说：“老人家每日小菜饭，不知道猪油可曾吃过几回哩！”意思是说亲家母没福，天天都是素菜素饭，清汤寡水的，一年到头也吃不上几回动物油。

北宋洛阳老百姓过春节，贵客上门吃饭，必定要往人家菜碗里夹一小块冻猪油。同时期的契丹人就更明显了：大户人家招待宾客，先端一碗奶茶给客人解渴，奶茶上一定再浇一勺猪油进去。为什么非放点儿猪油呢？因为能吃上猪油才是温饱生活的标志，才是幸福生活的象征。

关于这一点，单看咱们汉语里的老词儿也能看出来。过去说一个人占公家的便宜，叫“损公肥私”，说一个人吃珍馐美味，叫“烹鲜割肥”，管几个人分赃叫“分肥”，南宋理学家朱熹待客，“常恐其不肥”。“肥”是肥肉，是肥油，在古人心目中，肥肉和肥油才是好的，瘦肉和植物油就等而下之了。

其次是在口感上称王称霸：至少根据古代老百姓的口味，动物油要比植物油更受欢迎。

清朝美食家袁枚说：“俗厨制菜，动辄熬猪油一锅，临上菜时，勺取而分浇之，以为肥腻。而俗人不知，长吞大嚼，以为得油水入腹。”意思是普通厨子炒菜喜欢多放猪油，普通食客吃饭也喜欢多吃猪油，袁枚不喜欢这一点。

岂止袁枚不喜欢猪油，咱们大多数现代人也不喜欢猪油，且不说多吃猪油会造成营养过剩，每道菜里都放一勺猪油也会遮住本味、影响口感、破坏品相，绝对不符合美食的标准。但问题是过去老百姓连肚皮都填不饱，担心的根本就不是营养过剩，而是营养缺乏。穷人吃饭，缺油少盐，喉咙里有一千只小手往外伸，恨不得一口吞下十斤肥猪肉，恰恰需要一大勺又香又耐饥的动物油才能真正满足口腹之欲。可惜这个道理不容易亲身体会，只有真正挨过饿的穷汉才会明白。

窃以为，没有流过泪的人不足以谈人生，没有挨过饿的人也不配谈猪油，袁枚以长袖善舞著称，善用精巧的马屁结交各路诸侯，钱多得花不完，没有挨过饿，所以他不配谈猪油，更不配讽刺吃猪油的人。

最后，动物油还曾经在价格上称王称霸。

1902年春天，北京市面上花生油十三元一担，芝麻油十六元一担，猪油十八元一担，猪油比香油都贵。（孟天培、甘博

《二十五年来北京之物价及生活程度》）

1914年春天，北京市面上花生油十九元一担，芝麻油二十四元一担，猪油二十五元一担，猪油售价仍然超过香油。（同上）

1925年农历腊月二十四，北大教授吴虞在成都老家办年货，猪肉每斤八百七十文，猪油每斤一千一百六十文，菜籽油每斤三百二十文，猪油的价格超过猪肉，并且是菜油价格的好几倍。（《吴虞日记》下册）

1942年，也就是河南大规模饿死人那一年，物价暴涨，菜油每斤一百二十元，猪油更贵，每斤四百〇五元，能在杂面饼子上抹一小块动物油，那是所有逃荒者做梦都梦不到的事情。（《晋冀鲁豫根据地财经史料选编（河南部分）》第三册）

李逵和牛羊肉

《水浒传》第三十八回，宋江、戴宗和李逵三个人在江州琵琶亭喝酒吃鱼，宋江看见李逵一连吃了三碗鱼，连鱼刺都捞出来吃光了，知道他有点儿饿，对酒保说："我这大哥想是肚饥，你可去大块肉切二斤来与他吃，少刻一发算钱还你。"酒保说："小人这里只卖羊肉，却没牛肉，要肥羊尽有。"李逵听了这话，端起喝剩的鱼汤劈头泼过去，泼了酒保一脸。戴宗呵斥李逵："你又做什么！"李逵说："叵耐这厮无礼，欺负我只吃牛肉，不卖羊肉与我吃！"

现代读者看了这段多半不解：酒保无非就说了一句我们这儿只卖羊肉不卖牛肉，李逵怎么就发那么大火呢？他还说酒保欺负他只吃牛肉，难道别人说他只吃牛肉就等于欺负他吗？

要想弄清楚这个问题，咱们首先得搞明白牛肉和羊肉有什么不同。

牛肉是牛身上的肉，羊肉是羊身上的肉，牛肉跟羊肉当然有区别，但是我要说的区别跟物种没有关系，只跟这两种肉的地位有关系。

现在羊肉很贵，牛肉也很贵，一斤都卖几十块钱，比猪肉和鸡肉贵得多。在宋朝（包括后来的明朝）则是另外一种情形：羊肉依然很贵，牛肉却很便宜，甚至比猪肉和鸡肉还要便宜。

在宋朝，一斤羊肉至少要卖几百文，贵的时候将近千文（《夷坚丁志》卷十七《三鸦镇》："吴中羊价绝高，肉一斤，为钱九百。"）。猪肉一斤大约卖两三百文左右，而牛肉呢？最贵的时候才两百文一斤，便宜的时候只卖二十文一斤。（参见《宋会要辑稿》刑法二之五十二）

常言说，物以稀为贵。反过来讲也成立：物以贵为稀。不管在什么时代，上流社会都是只买最贵的，不买最好的，而普通老百姓只能买最便宜的东西，不管它是好是坏。既然在宋朝羊肉最贵，牛肉最贱，所以羊肉也就成了上流社会的心头好，而牛肉则成了上不了台面的东西，只配让吃不起羊肉的人来享用。在这样的消费环境中，自尊心很强但是钱包不鼓的黑旋风李逵听酒保说他们只卖羊肉不卖牛肉，当然以为人家瞧不起他，以为人家把他看成了舍不得花高价吃羊肉的小瘪三，他当然要大发雷霆了。

凭李逵腰包里那点儿钱，他真的吃不起羊肉，嘴馋的时候只能买二斤牛肉打打牙祭。不信您仔细看看《水浒传》，李逵也就在江州琵琶亭吃了一顿羊肉，而且最后还是宋江买的单。包括梁山好汉里面小门小户出身的其他英雄好汉，例如阮氏三雄和拼命三郎石秀等人，平常吃肉也是牛肉占大头，敢于宰羊待客的只有柴进那样的富二代以及晁盖那样的大地主（有学者认为梁山好汉常吃牛肉是因为朝廷禁止吃牛肉，以此表明他们的反抗精神，这种见解完全是出于想当然，下文会讲到宋朝对牛肉的禁令形同虚设，根本无须反抗）。

为什么宋朝的羊肉很贵，牛肉却很便宜？这跟宋朝的疆域有关，跟宋朝的军事政策有关，也跟宋朝的社会习俗有关。

先说宋朝的疆域。

我们知道，北宋的统治区域不包括甘肃、宁夏和内蒙古，而这些地方恰好都是牧区，是羊的主要产地。到了南宋，地盘就更小了，淮河以北呼啦一下子变成了金国，如果说北宋的河北和陕西还有养羊基地的话，到了南宋，全部国土上已经没有一块地方适合大规模养羊了。

再说宋朝的军事政策。

我们知道，跟汉朝和唐朝相比，宋朝的军事力量并不强大，老是受其他国家的欺负。那时候以冷兵器为主，打仗主要靠两样东西，一是铁，二是马。宋朝不缺铁矿，但是却缺战马。为了保证战马的供应，宋朝政府给相当一部分老百姓下达了养马指标，家里如果有一百亩地，至少得给政府养一匹马，养肥了，上缴政府，养瘦了，要受处罚。（参见《宋史》卷一百九十八《兵十二・马政》）你瞧，本来老百姓还能趁农忙割点儿草养几只羊，由于政府要求大家养马，也就不可能再有剩余的精力来养羊了。即使有那个精力，也没有足够的草料。

可以这样说，宋朝狭小的疆域和它强迫老百姓养马的军事政策正是大宋缺羊的两大主要原因。

宋朝缺羊能缺到什么地步呢？苏东坡有过切身体会。老苏被贬到惠州，发现惠州堂堂一个地级市，市集上每天宰杀出售的只有一只羊。全市那么多人，一只羊怎么够吃？所以只能让当官的去买，普通市民根本不敢问津。苏东坡是个馋虫，爱吃羊肉，他

身为犯罪官员，又轮不到他买，他只能买最后剩下的羊骨头。（参见《仇池笔记》卷上《众狗不悦》）

羊肉紧缺到这个地步，价钱自然抬上去，收入低的家庭自然不舍得买，像李逵那样浑身上下洋溢着瘪三范儿的家伙自然会被酒保认为吃不起羊肉了。

有些朋友会说：羊吃草，牛也吃草，宋朝的疆域和军事政策使它不适合大规模养羊，难道就适合大规模养牛吗？

这个问题问得非常好。

宋朝农民养羊的积极性不高，养牛的积极性却非常高。因为跟羊相比，牛更适合圈养，更容易饲养，不需要大片的草原去放牧，一围小小的牛栏，一堆没用的秸秆，就能让一头牛活下来；更重要的原因是，羊并非生产资料，牛却是非常重要的生产资料，那时候没有大型农业机械，种庄稼主要靠牛，离开牛简直没法种田，为了把地种好，大家愿意下力气去养牛。

老百姓愿意养牛，不愿意养羊（更准确地说是缺乏养羊的资源），所以牛在宋朝并不短缺，所以牛肉会比羊肉便宜得多。但这并不是宋朝牛肉价格低廉的关键原因。

宋朝牛肉之所以便宜，主要是因为朝廷禁止宰牛。朝廷为什么禁止宰牛？因为牛是生产资料，是农业劳动不可缺少的生产工具，为了保护农业，官府理所当然要保护耕牛。

我们可以看看宋朝皇帝颁发的一些宰牛禁令：

宋太宗淳化二年，首都开封有人宰牛卖肉，宋太宗“令开封府严戒饬捕之，犯者斩”（《宋会要辑稿》刑法二之四），再逮住宰牛的人，可以判死刑。

宋真宗咸平二年（999），“诏牛羊司畜孳乳者并放牧之，无得宰杀”（《宋会要辑稿》刑法二之七）。牛羊司是朝廷直管的一个事业单位，专门负责从国外进口牛羊并进行饲养，养肥以后一部分供应宫廷，剩下的拿到市场上出售。宋真宗特别规定，连这样的机构都不能随意宰牛，要把小牛和正在哺乳期的母牛保护起来。

咸平九年（1006）八月，宋真宗再次下诏：“薮牧之畜，农耕所资，盗杀之禁素严，阜蕃之期是望。或罹宰割，深可悯伤。自今屠耕牛及盗杀牛罪不致死者，并系狱以闻，当从重断。”（《宋会要辑稿》刑法二之十三）无论是屠宰耕牛还是不经过官府批准就私自屠宰病牛的，都犯了重罪，要从重判处。

宋仁宗天圣七年（1029），“今后僻静无邻舍居止宰杀牛马，许人告捉给赏。”（《宋会要辑稿》刑法二之二〇）在僻街小巷宰牛不容易被官府发现，所以要发动人民踊跃检举揭发，揭发属实，要予以奖励。

南宋时期也是这样，宋高宗、宋孝宗、宋理宗……这些皇帝屡次颁布禁令，禁止民间宰杀耕牛。在宋高宗时期尤其严厉，不但禁止肉贩卖牛肉，还禁止老百姓买牛肉，“知情买肉人，并徒二年，配千里”（《宋会要辑稿》刑法二之一百四）。明明知道是牛肉，你还敢买，判你两年徒刑，刺配到一千里以外。

照理说，不管什么商品，都应该是越禁越贵，为什么宋朝官府禁止宰牛，牛肉反倒很便宜呢？因为这些禁令只是偶尔起作用，并没有派上大用场，政府一边禁止，民间一边宰杀，上有政策，下有对策，丝毫没有影响到牛肉在市场上的供应。听听南宋著名的士大夫胡颖是怎么说的："自界首以至近境，店肆之间，公然鬻卖，而城市之中亦复滔滔皆是。小人之无忌惮，一至于此。"（《名公书判清明集》卷十四《宰牛当尽法施行》）老百姓根本就不害怕那些禁令，该怎么宰牛就怎么宰牛，该怎么买牛肉就怎么买牛肉。

宋朝茶馆里常讲的一个话本叫作《郑节使立功神臂弓》，话本开头是东京汴梁几个生意人在花园里喝酒，一个小贩挎着篮子走过来，切了一大盘牛肉，给他们送到酒桌上，他们照吃不误，并不忌讳那是违禁食品。

上述解释有理有据，也有史实，但是我猜读者朋友并不完全认同。持异议的朋友应该会有两条意见：

第一，羊肉昂贵，这没错，但牛肉也不便宜，怎么成了专供穷人消费的低级食材呢？

第二，《水浒传》成书于元末明初或者明朝前期，写的并非宋朝习俗，不能用宋朝物价来解释《水浒传》里的情节，也不能用《水浒传》里的情节来印证宋朝习俗。

事实上，牛肉在历史上确实很便宜，不仅比羊肉便宜得多，也比猪肉便宜得多，不仅在宋朝是穷人的专享，到了元朝和明朝仍然是穷人的福利。

元末明初有一个名叫孔齐的人，跟《水浒传》的作者施耐庵生活在同一个时代。孔齐出身官宦家庭，父亲是官，他自己也是官，只是到了晚年，才由于战乱而陷入贫困。据孔齐回忆："先妣喜啖山獐及鲫鱼、斑鸠、烧猪肋骨，余不多食，平生唯忌牛肉，遗命子孙勿食。"他妈在世时喜欢吃獐肉、鲫鱼、斑鸠以及烤猪排，就是不吃牛肉，一辈子都不吃，临死前还交代儿孙不要吃。孔齐自己认为：“唯羊、猪、鹅、鸭可食，余皆不可食。”世间肉类当中，只有羊肉、猪肉、鹅肉、鸭肉可以吃，别的都不可以，包括牛肉。不过孔齐也吃过牛肉，那是元朝末年战乱以后的事：“因猪肉价高，牛肉价平，予因祷而食之。”猪肉很贵，牛肉很贱，此时孔齐已经吃不起猪肉，只好拿牛肉解馋，又唯恐母亲亡灵怪罪，一边吃牛肉，一边默默地跟母亲解释：妈，对不起，不是儿子不孝，实在是买不起别的肉了，只好破一破例。

明朝县令沈榜记载过北京宛平的肉价，猪肉每斤卖二钱银子，羊肉每斤卖一钱五分银子，牛肉每斤卖一钱银子。

美国经济学家甘博统计过清朝末年的北京肉价，按一百斤批发价计算，猪肉卖到十四块（银元），羊肉卖到九块半，牛肉只卖七块，是猪肉价格的一半。

行文至此，相信大家已经可以认识到这样一点了：在漫长的历史长河中，牛肉相对猪羊肉而言一向是比较便宜的，只有到了最近小半个世纪才后来居上。

牛肉之所以便宜，一是因为它的脂肪含量低，能提供的热量不如猪肉，没有猪肉吃起来解馋（因为这个缘故，在中国历史上，肥肉一直比瘦肉更受欢迎。甚至到了1961年，四川作家李劼人给同学寄肥肉一块，同学非常开心地回信道：“见其膘甚厚，不禁雀跃，未吃如此肥肉已久故也。”）；二是因为儒家文化重视农耕，历代朝廷都将牛当作非常重要的生产工具来看待，士大夫阶层也将食用牛肉视为道德败坏的表征之一，上流社会对牛肉没有需求。

带皮羊肉

宋太宗在位时，跟辽国关系不好，经常干仗。宋朝这边不是对手，打一回败一回，宋太宗不服，亲自出征，结果连他自己都挨了一箭，坐着驴车逃跑了。

宋真宗即位，接着干仗。这回好，先败后胜，宋军使出威力无比的床子弩，一弩把辽军统帅萧挞览钉在了地上。辽军士气大挫，只好跟宋朝签停战协议。这就是咱们小时候历史课上学过的“澶渊之盟”。

自从澶渊之盟签订以后，宋辽之间就互派使臣，明面儿上好得跟亲兄弟一样，但是在餐桌上，却一直唇枪舌剑，嘴仗不断。

有一年，辽国皇帝过生日，宋真宗派一个名叫滕涉的大臣去祝寿。在寿宴上，辽国大臣指着席上的羊肉问道：“我们大辽厨师的手艺怎么样？”滕涉很有礼貌，连声夸奖。辽国大臣不满足，又说了一句：“去年你们大宋皇帝过生日，我也去祝寿了，你们厨师做的那叫什么玩意儿，炖羊肉怎么不去皮啊？”滕涉一听就明白了，这家伙不光嘲笑大宋饮食文化，还嘲笑宋人太野蛮，连羊皮都吃啊！他可不示弱，当场还击：“本朝出产丝蚕，故肉不去皮。”俺们大宋盛产蚕丝，所以吃羊肉不去皮。

大伙读到这里，可能会犯嘀咕：蚕丝跟羊肉有啥关系？滕涉干吗要这样说呢？

其实滕涉是这个意思：辽人吃羊肉之所以去皮，是因为辽国太落后，不懂得养蚕织布，必须用羊皮当衣服，要是把羊皮吃到肚子里，就得光着屁股上街了；而宋朝则先进得多，有丝有麻有棉布，纺织技术非常发达，用不着拿羊皮做衣服，所以吃羊肉可以不去皮。

辽国大臣听懂了这个意思，红着脸不说话了。滕涉算是不辱使命，打赢了一场嘴仗。

事实上，宋朝人吃羊肉并非一直不去皮，只是偶尔不去皮罢了。

宋朝食谱中有一味“酒煎羊”，是将羊腿切大块，焯去血水，煮到半熟，加大料焖煮，再用黄酒收汁。做这道菜时，羊腿不但去皮，还要剔掉大筋。

宋朝还有一味“烧羊”，据说宋仁宗很爱吃，宋太祖带着宋太宗去赵普府上做家访时也吃过，实际上就是现在的烤羊肉，也需要剥去羊皮，只留净肉，边烤边刷油、撒作料。

宋朝改革家王安石最爱吃一道名曰“羊头签”的肉食，它可不是用铁签子串起羊头在火上烤哦，而是将羊头煮熟，剔取羊脸上的精肉，切成细丝，用网油卷裹，挂浆炸透，切成圆筒，状如抽签的签筒，以此得名。很明显，做羊头签也是要去皮的。

宋朝皇帝厚待大臣，宰相、副相每逢值班，翰林学士每逢草诏，小伙房照例要供应一锅羊肉：连骨带肉劈成大块，加料炖得烂熟，闻着喷香，吃着带劲，时称“太官羊”。太官羊不去骨头，皮还是要去的。

倒是有两种羊肉不去皮——拖皮羊饭和羊皮脍。这两种食物不见于《玉食批》《山家清供》《浦江吴氏中馈录》等大宋食谱，而是在新科进士期集的时候出现过。

“期集”就是聚会，新科进士期集就好比现在很流行的同学聚会。现在同学聚会时间很短，相聚最多一天，聚餐最多几顿，完了各回各家，各找各妈。宋朝新科进士期集则不然，那叫一个旷日持久：从殿试结束开始，到皇帝亲赐闻喜宴结束，这期间每天一小聚，每五天一大聚，每次聚会都要聚餐，往往聚上二三十天才算完。

干吗要聚这么长时间呢？因为他们要把同学录给印出来。宋朝每隔两三年搞一次殿试，每次平均录取三百多名进士，这三百多个人的姓名、名次、籍贯、相貌特征、祖上三代都要编进同学录，所以要花上几天时间来仔细统计。统计完了还要誊写，誊写完了还要付梓，那时候又没有激光照排，全靠工匠雕版。光刻版就得十天吧？刻完版还要印吧？印完还要装订吧？装订完还要分送给所有进士吧？于是花的时间就长了。

编印同学录并不需要所有人都参加，按北宋惯例，三百多个进士当中只需要四五十名参加聚会就行了。这四五十个人当中必须包括状元、榜眼、探花，剩下就靠大家自由报名了。不管是谁报名参加，都得捐一笔钱，就像现在有些同学聚会需要提前凑份子交会费一样。

交上份子钱，状元会给大家分工，让张三做“笺表”，让李四做“掌仪”，让王二做“掌膳”，让赵七做“掌酒果”……光听名字就知道，这些分工里除了“笺表”跟编撰同学录有关，其余都是管聚餐的。换句话说，宋朝进士聚会时编同学录只是一个由头，凑一块儿大吃大喝才是真正目的。

在编同学录的这个把月里，他们都吃些什么呢？王安石的同年进士兼儿女亲家吴充透露过一些信息：“国朝进士期集，皆以刊《小录》为名，凡所醵资，率为游燕也。日叨宴集，常设点心、果子二色。或五日一会食，则设拖皮羊饭、羊皮脍、酒果肴核等物。”《小录》者，即同学录是也。宋朝进士搞同学会，名义上是为了编撰同学录，实际上是借机会组饭局。参加者每天一小宴，以点心和水果为主。每五天一大宴，除了水果还有酒，用拖皮羊饭和羊皮脍做下酒菜。

羊皮脍是用羊皮熬成皮冻，片成薄片，撒上作料即可。拖皮羊饭的做法则不得而知，但是看名字就知道，这道菜即使不以羊皮为主，也必然要用到带皮的羊肉。

宋朝没有牧区，既缺马，也缺羊，羊肉之贵远超猪肉，上流社会对羊肉的喜爱程度也远超猪肉。两宋三百年，“御厨不登彘肉”。猪肉进不了御膳房，而每天宰杀的羊则多达几十只乃至二三百只（《孔氏谈苑》：“雷太简判设案御厨，……先日宰羊二百八十，后只宰四十头。”），足证羊肉在宋朝地位之高。苏东坡的弟弟苏辙做副相（尚书左丞），哲宗皇帝日赐一羊，苏辙吃羊肉吃到发腻，而苏东坡被流放到惠州，整座城市每天只有一只羊出售，所有市民和大多数小官想买都买不到，馋得东坡只能啃羊骨头打牙祭，这一事例也能反映出羊肉在宋朝通常是有钱或者有地位的人方能享受到的稀缺食材。

因为稀缺，所以吃起来就格外珍稀。宋朝两京市面上能买到的以羊为名的熟食，绝大多数都是羊下水，例如羊肠、羊肚、羊肺、羊肚肱（胃部）、羊血、羊脬（膀胱）、羊奶房（乳房）之类。其中羊奶房竟然还能堂而皇之地进入御膳，如《玉食批》中就有“奶房签”和“奶房旋鲊”。宋哲宗元祐六年，礼部官员奏说“每岁宴赏共合用羊乳房约四百五十余斤，泛索不在其数”，皇家每年的正式宴席上要用掉四百五十斤羊乳房，皇帝与后妃们的非正餐还不在其内。大家可以想象一下，连羊乳房这种让现代人毛骨悚然的部位都能入馔，羊皮怎么能被排除在外呢？

不过宋朝人吃带皮羊肉的关键原因恐怕还不是缺羊，而是因为厨艺先进，能把羊皮做成美味。辽国人就不行了，他们刚从茹毛饮血的时代走出来，只会炖羊肉，不会炖羊皮，所以吃羊肉必须去皮。

南宋学者周辉在金国待过一段时间，刚去的时候兴奋异常，因为金国不缺羊，市面上出售的活羊动辄一百多斤重，又大又肥，还很便宜。他满以为可以大快朵颐，过一过吃羊肉的瘾，哪知道“驿顿早晚供羊甚腆，既苦生硬，且杂以芜荑酱，臭不可近”，金国煮羊的手艺太差，所住宾馆虽然天天有羊肉供应，却干硬难吃，腥臭难闻。

南宋大臣洪皓也在金国待过一段时间，女真贵族待以上宾之礼，摆了一桌全羊宴。他乐坏了，全羊宴嘛，当然是羊的各个部位齐上桌啦！一开席，他傻眼了，只有一大盆水煮羊肉和一整张刚剥下来的羊皮。他纳闷，悄悄问服务员怎么回事儿，服务员指着那盆羊肉和那张羊皮说：“此全羊也！”原来女真人的全羊宴就是一整只羊的肉和皮，其中羊皮还不能吃，只是拿来摆样子的。

假如把这些羊送到大宋，羊下水一点不浪费，羊皮也不会只拿来当摆设，我猜宋朝的厨师会这么料理：褪净羊毛，带皮切块，焯去血水，羊皮朝下放热油里煎一煎，再用大锅焖煮一个时辰。有那层羊皮护着，羊肉不会走油，吃起来又软又弹牙，一点儿都不柴。

瓠羹

宋朝有一个很变态的吃货，此人姓崔，名叫崔公立，因为做过“比部郎中”（相当于国家审计署的署长），所以被人尊称为“崔比部”。

崔比部的官衔不低，来头更不小：他本人娶了老宰相韩琦的女儿，他的大儿子崔保孙又娶了范纯仁的女儿。范纯仁是谁？就是范仲淹的二儿子，后来一度做到宰相。也就是说，这个崔比部先后跟两个宰相结了亲。

他跟范纯仁结亲的时候，范纯仁还没有做官，两家都在河南许昌买了房，比邻而居，天天抬头不见低头见，混得很熟，儿女年龄又相差无几，所以结成了亲家。

结成亲家以后，范纯仁去首都开封参加官吏选拔考试（时称“铨试”），临走前嘱咐崔公立：“我的老婆孩子没人照管，麻烦亲家帮我照顾他们。”崔公立拍着胸脯打保票说：“没事儿，您走您的，万事有我。”

范纯仁托亲家照管老婆孩子，无非是请他代为保护，防止地痞无赖上门骚扰，哪知道这个崔公立将保护事项升级了，每天只要一起床，就操起一根擀面杖来到范家门口，既不让外头的男人进去，也不让里头的女人出来。他为什么要这样做呢？因为这厮是个心理阴暗的死道学，在他心目中，男人去找女人就是想开房，女人去找男人就是想出轨，凡是没有亲戚关系的男女一律不适合见面，还没出嫁的姑娘更加不应该出门半步，否则一定会跟人私奔。

范纯仁离家整整三个月，崔公立在范家门口也守了整整三个月，这三个月当中，范家的女性没有一个能够走出自己家的家门，就像被软禁了一样。有一天，范纯仁的弟弟范纯礼病重，派人到范纯仁家报信，意思是我快不行了，想跟亲人见最后一面，你们快来看看我吧。范纯仁的夫人一听，赶紧收拾些礼品，去给小叔子探病，刚走到门口就被崔公立拦住了。只见崔公立恶狠狠地说："而为妇人，夫出，独安往？出者吾杖之！"（范公偁《过庭录》，以下凡为注明出处者皆同此）你一女流之辈，丈夫不在家，你怎么能出门呢？再敢往前走一步，我就用擀面杖揍你！范夫人不敢跟他争执，只得垂头丧气退了回去。

崔公立如此尽心竭力为亲家"帮忙"，自觉劳苦功高，理应受到优待，所以他每天都留在范纯仁家，让亲家母管饭。范家的厨子拿他当贵客看待，好吃好喝招待他，他却毫不客气，"食稍不精，必直言，略不自外"。伙食稍微不合他胃口，他就毫不客气地击碗骂厨子，一点儿也不拿自己当外人。由于他是这样变态，以至于范家的丫鬟见了他就恶心，"家婢闻崔比部来，皆恶之"。

三个月以后，范纯仁的夫人实在受不了，派仆人去请教坐在大门口的崔公立："您总嫌我们家的饭菜不好吃，请明确告知到底爱吃什么，我们给您做。"崔公立说："适口无如瓠羹。"（《画继》卷三）要讲什么东西最好吃啊，我觉得就数瓠羹了。

于是范夫人就吩咐厨子做瓠羹给他享用。

OK，故事讲到这里，终于该进入正题了：崔公立所说的“瓠羹”究竟是什么样的美食呢？

查《东京梦华录》，有四五处提到瓠羹。如第二卷《东角楼街巷》记载开封皇城东南角有“徐家瓠羹店”，第三卷《大内西右掖门街巷》记载皇城西侧有“史家瓠羹”，同属第三卷的《大内前州桥东街巷》记载州桥西侧有“贾家瓠羹”，第六卷描述宋徽宗喜欢在过年的时候让市井小贩拥入皇城叫卖兜售各色小吃，其中最受他喜爱的小吃是“周待诏瓠羹”，买一份要花一百二十文。

北宋灭亡后，衣冠南渡，一部分开封难民乔迁杭州，将开封小吃也带了过去。据早年在开封生活、后来定居于杭州远郊的世家子弟袁䌹回忆说：“旧京工伎固多奇妙，即烹煮盘案亦复擅名，如王楼梅花包子、曹婆肉饼、薛家羊饭、梅家鹅鸭、曹家从食、徐家瓠羹、郑家油饼、王家乳酪、段家爊物、石逢巴子、南食之类，皆声称于时。若南迁湖上，鱼羹宋五嫂、羊肉李七儿、奶房王家、血肚羹宋小巴之类，皆当行不数者。宋五嫂，余家苍头嫂也，每过湖上时，进肆慰谈。”（《枫窗小牍》卷下）众所周知，“宋五嫂鱼羹”是南宋杭州最著名的小吃品牌，现在演变为杭州各大酒楼的经典菜式“宋嫂鱼”，可是在袁䌹笔下，这道小吃的发明者宋五嫂当初不过是他家老管家的嫂子，她的手艺离当年开封城里的“曹家从食”“徐家瓠羹”“郑家油饼”“王家乳酪”差远了。很明显，在吃过见过的旧京世家子弟眼里，宋嫂鱼如果是名吃的话，瓠羹就更是名吃了。

仅从名称上看，瓠羹毫无惊人之处：瓠为瓠，羹为羹汤，用瓠子炖的羹汤怎么能称得上名吃呢?

何谓瓠子?葫芦而已。葫芦分好多种,有的能吃,有的不能吃,不能吃的叫“匏”,能吃的叫“瓠”,前者坚硬,后者肥嫩,前者苦涩,后者甘甜,前者晒干了能做成容器(例如瓢),后者切成片能炖成羹汤。宋朝没有西葫芦,能吃的葫芦只有“瓠”这一种,故此他们将瓠发扬光大,不止炖汤,而且拿来煎炒烹炸。南宋林洪《山家清供》载有一道“假煎肉”,就是用瓠子做成的:嫩瓠一只,削皮,去瓤,滚刀切块,用红曲、精盐拌匀,放猪油里炸黄,然后与油炸面筋一起,倒进高汤,小火焖煮,把汤汁收干,盛到盘子里。瓠子块经过油煎上色,并吸收汤汁的精华、面筋的鲜美(面筋过油会产生味精),无论外观、口感和味道,都近似于煎肉,却又没有肉的油腻,正是宋朝饮食界素菜荤做之风的成功范例。

有很长一段时间,我一直认为瓠羹应是假煎肉的升级版:将瓠子和面筋炸成假煎肉,再添加清汤,小火焖煮,最后勾芡增稠……我也曾经如此试做,所做的羹汤确实鲜美。但是且慢,假如参读其他文献,就会发现真正的瓠羹并不是这样做的。

南宋志怪短篇小说大全《夷坚志》收录了这么一则故事:某人梦游地府,在十八层地狱见到牛头马面惩罚生前爱吃瓠羹的食荤者——用铁叉穿起人体,按入油锅,先炸后炖,炖得骨肉糜烂,有如瓠羹。由此可见,瓠羹并非素汤,而是荤食。既然是荤食,光有瓠子肯定不行,里面一定还要有肉。

《东京梦华录》卷三《天晓诸人入市》描写北宋开封凌晨时分早餐业的兴盛,早点摊贩打着灯笼次第开张,大小饭店也早早地开门营业，其中“瓠羹店门首坐一小儿，叫‘饶骨头’”，瓠羹店门口坐着一小孩，不停地喊叫：“饶骨头，饶骨头……”以此来吸引顾客。也就是说，如果您进店买一碗瓠羹，店家会额外再赠送您一份骨头。这也说明瓠羹离不开肉，骨头应是做瓠羹的下脚料，否则店家靠什么送骨头呢？

我翻查过留存于世的所有宋朝食谱，可惜都没有查到瓠羹的具体做法，倒是在南北朝典籍《齐民要术》和元朝食谱《饮膳正要》中分别读到了“瓠叶羹”和“瓠子汤”的做法。

瓠叶羹是这么做的：瓠子的嫩叶五斤，羊肉三斤，葱二斤，盐蚁（即颗粒细小如蚂蚁的净盐）五合，用以上食材炖成羹汤。

瓠子汤的做法则复杂一些：“羊肉一脚子（按宋元俗语，一只羊的四分之一为一脚子，即一条羊腿加一片羊身），卸成事件，草果五个，上件同熬成汤，滤净。用瓠子六个，去瓤、皮，切；掠熟羊肉，切片；生姜汁半合，白面二两，作面丝；同炒葱、盐、醋调和。”将羊腿与羊身去皮剔骨，切成大块，用草果做作料，炖成一大锅羊肉汤，滤去浮沫，将熟羊肉从锅里捞出切片；取瓠子六只，挖去嫩瓤，刮掉外皮，也切成片；用姜汁和面，擀切成面条；将瓠子片、羊肉片与葱段同炒，添入羊汤，烧沸后，下入面条煮熟，最后用盐醋调味。

如果宋朝瓠羹继承了南北朝时瓠叶羹的做法，则它须用瓠叶与羊肉同炖；如果元朝瓠子汤是宋朝瓠羹的遗风，那么瓠羹其实就是用羊肉瓠子汤煮面条。当然，也许宋朝的瓠羹既不同于南北朝，也不同于元朝，但有一点我们可以肯定：它是肉食，是浓汤，而不是口感清淡的清炖瓠子羹。

嗜“血”的宋朝

湖南邵阳有一道做法独特的地方菜，名曰“血浆鸭”。

选用一公斤左右的本地仔鸭，一刀断颈，倒拎着放血，底下放一粗瓷大碗，碗底少许陈年老醋，再加一撮盐。鸭血沥到碗里，加水，打匀，在醋和盐的作用下，将一直保持液体状态，不至于凝固。

放过血，把鸭子放进开水锅烫一烫，捞出来，拔净鸭毛，掏空内脏，剁成小块，用大火热油快速翻炒。将鸭块炒成金黄色，改小火，下桂皮、八角、麻椒、少许豆瓣和大量辣椒，继续翻炒。

鸭块基本炒熟的时候，把刚才用醋水调匀的那碗鸭血倒进锅里，再炒几下，盖上锅盖，收净汤汁，一锅美味的血浆鸭就做成了。

实在讲，这道菜真的很好吃，但也真的很难看。

说它好吃，是因为鸭肉咸中带甜，甜中透辣，口感酥嫩，烂而不柴，只有醇厚浓郁的鲜香，没有一丝一毫的鸭腥味儿。

说它难看，是因为鸭血完全附着在鸭块上，本来红白可爱的肉块忽然变得乌漆麻黑，就跟烧焦了似的。如今湘菜馆子遍地开花，剁椒鱼头风行天下，但是血浆鸭这道菜在其他地方并不走红，我估计应该是跟卖相不佳有一定关系的。

我第一次见到血浆鸭，就是在湖南邵阳——湖南卫视拍一部美食纪录片，我跟组去武冈，跟导演大快朵颐，两个人分吃了一大盘血浆鸭。吃的时候很嗨，拍的时候却犯了难，因为毕竟是用镜头来表达嘛，你要想让观众感知到一道菜的美味，那就必须让他们欣赏到这道菜的美感，可是血浆鸭又有什么美感可言呢？后来我们只好放弃成品菜，只拍制作过程，大把大把的火红辣椒撒进炒锅，这种画面还是很能勾人食欲的，比乌黑暗淡毫无光泽的成品菜强多了。

说到血浆鸭，那就不能不提邵阳的另一款特色小吃：猪血丸子。

做猪血丸子要用三种原料：第一，猪血；第二，豆腐；第三，五花肉。猪血要用新鲜的活血，豆腐要用软嫩的豆腐，五花肉要剁成细丁。把豆腐打碎，拌上肉丁和猪血，放入食盐，洒上水酒，用手团成馒头大的团子，在太阳底下暴晒，晒干表面的水分，然后上笼蒸熟或者入烤箱烤熟。

刚团好的猪血丸子是鲜红的，蛮好看。太阳一晒，就成暗红的了。等蒸熟了再看，我的天，乌漆麻黑，要多难看就有多难看。在猪血丸子出笼的那一瞬间，我想起了鲁迅先生的短篇小说《药》：老栓把沾血的馒头放进灶洞里烤熟，那个红馒头变成了一碟“乌黑的圆东西”……这种联想很不恰当，容易影响读者的胃口，但我忍不住要这样联想，因为刚蒸好的猪血丸子确实很像华老栓给儿子治病的血馒头，无论个头还是色泽，都很像。

猪血丸子是可以存放的，什么时候想吃，取出一两个，切成薄片，配上蔬菜，回锅炒一炒，装盘上桌。这时候再看，每一片猪血丸子都是薄薄的黑皮裹着鲜亮的肉片，卖相甚佳。所以说，我吃猪血丸子都是吃改过刀的、回过锅的，不敢直接捧着那焦黑的一团往嘴里送。

血浆鸭也好，猪血丸子也罢，它们之所以美味，很大程度上是因为血；而它们之所以乌黑难看，很大程度上也是因为血。血有丰富的营养，为其他食材赋予了独特的口感和风味，但往往也能让其他食材失去原有的色彩和光泽。不过作为一个合格的吃货，我们真正应该关心的还是味道，而不是品相，好吃就行，管它好看不好看干吗呢？好比读者朋友看这本小书，内容好就行，别嫌作者长得丑。

我觉得我们古代中国的食客也是明白这个道理的。

查元代食谱《易牙遗意》，其中就有血浆鸭，只是具体做法跟现在略有不同："鸭剁颈下，盘受下血水，……鸭炒软后捞起，搭脊血并沥下血，生涂鸭胸脯上，和细熝料再蒸。"剁开鸭颈，放血入盘，先翻炒，然后把鸭血涂抹到鸭块上，再用大料拌匀，上笼蒸熟。你瞧，前半截工序跟邵阳血浆鸭相同，后半截工序跟猪血丸子相同，一道古菜囊括今日两道地方名吃。至于其出锅后的品相，大家肯定可以想象得到，那一定也是暗淡无光，仿佛今日之血浆鸭。

元朝人粗陋不文，他们的烧菜方式小半学自阿拉伯人，大半继承宋朝遗风。可惜的是，由于宋末战乱的关系，食谱绝大多数都失传了，很多宋朝美食仅剩菜名，我们无法了解其详细做法，不过光听听菜名儿就能知道，宋朝人是很喜欢将动物的血浆入馔的。

如南宋袁颐父子《枫窗小牍》载："旧京工伎固多奇妙，即烹煮盘案亦复擅名，如王楼梅花包子、曹婆肉饼、薛家羊饭、梅家鹅鸭、曹家从食、徐家瓠羹、郑家油饼、王家乳酪、段家爊物、石逢巴子、南食之类，皆声称于时。若南迁湖上，鱼羹宋五嫂、羊肉李七儿、奶房王家、血肚羹宋小巴之类，皆当行不数者。"北宋灭亡，北食南迁，旧京开封的诸多名厨名吃纷纷传至江南，包括王楼梅花包子、曹婆肉饼、薛家羊饭、梅家鹅鸭、曹家从食、徐家瓠羹、郑家油饼、王家乳酪、段家爊物、石逢巴子、鱼羹宋五嫂、羊肉李七儿、奶房王家、血肚羹宋小巴等。诸位朋友请留意，此处提到"血肚羹"，说明制作时一定要用到血和小肚。究竟用什么动物的血呢？是猪血、羊血还是鸡血、鸭血？我们无从查考。现在开封夜市上到处可以品尝到"羊双肠"，是将羊血灌入羊肠，煮熟切段，再与羊肚、羊腰一起炖成的羊杂汤。宋人将汤称为"羹"，今天这道用羊血、羊肠和羊肚制作的羊杂汤或许就是当年的"血肚羹"吧？当然，川菜中最常见的"毛血旺"要用到鸭血和毛肚，说不定跟宋朝血肚羹更为接近。

南宋灌圃耐得翁《都城纪胜》记载："包子酒店，谓卖鹅鸭包子、四色兜子、肠血粉羹、鱼子、鱼白之类。"意思是说临安有一种包子酒店，主要售卖鹅鸭包子、四色兜子（即今日之烧卖）、肠血粉羹、鱼子和鱼白（即鱼肚）。仅看名字，"肠血粉羹"这道菜似乎就是羊双肠的前身。

南宋周密《武林旧事》介绍大将张俊为宋高宗精心准备的御宴，其中有一道“血粉羹”，它或许很像现在南京和镇江两地最常见的“鸭血粉丝汤”，或许又像今日西安地区老少爷们引以为豪的传统小吃“粉汤羊血”，当然也可能跟两者都不像。但不管怎么说，这还是一道用动物血浆入馔的食物，而且它肯定美味异常，不然不可能被张俊拿来招待皇帝。

《武林旧事》卷六《市食》列举临安街头小吃，其中还包括“羊血”。这应该是凝固的血块，也就是血豆腐。咱们现代人加工血豆腐，一般用猪血和鸡血，而不用羊血。因为猪血劲道，鸡血滑嫩，而羊血较为粗糙，且有浓烈的腥膻味儿，加工不好是无法入口的。在我的豫东老家，人们常用“羊血”这个词儿来形容某人做事不地道，而宋朝商贩敢于售卖用羊血做的血豆腐，说明他们做血豆腐的技艺肯定非常高超。

研膏茶，黄雀鲊

宋朝士大夫圈子很小，彼此之间都是亲戚。以黄庭坚为例，他的大哥黄大临娶了范仲淹的外甥女，他的三弟黄叔献把女儿嫁给了欧阳修的孙子，他本人的第一任妻子孙氏则是谏议大夫孙觉的女儿，而孙觉又跟当朝驸马王诜结成了亲家。王诜交游满天下，人称“小孟尝”，苏东坡、王安石、米芾、李公麟都是他的座上客，其中李公麟是著名画家，他有一个侄子名叫李文伯，这个李文伯后来娶了黄庭坚的女儿黄睦……

如果我们再把这个小圈子稍微放大一下，会发现黄庭坚跟李清照的公爹赵挺之是多年的老同事，赵挺之当权后打压过一个名叫陆佃的官员，而陆佃则是陆游的祖父。陆游长大后参加科举考试，得罪了宋朝最著名的奸臣秦桧，而秦桧的丈母娘竟然又是李清照的舅妈！

宋朝名利圈是如此之小，以至于我们不管拎出任何一位名人，再以他为中心画一张关系网，可以看到其他所有名人其实都附着在这张关系网上面。乍一瞧，好像很好玩很八卦似的，其实这张关系网背后是上流社会的封闭，是阶层流动的固化，是官二代、富二代、星二代、文二代对发展机会的垄断，同时也能反映出草根阶层出人头地的概率低到了何种地步。将来我会写一本《宋朝人的朋友圈》，专门论述宋朝精英阶层把持社会资源的严重性，以及平民子弟如何通过个人努力去砸开上升的天花板。

OK，闲言少叙，下面让我们进入正题。

今天的正题是“研膏茶”和“黄雀鲊”，前者为宋茶，后者为宋菜，都是颇有特色的饮食，而且都跟黄庭坚有关。

前面说过，黄庭坚的女儿黄睦嫁给了李公麟的侄子李文伯，所以黄庭坚跟李公麟是儿女亲家（准确地说是“堂亲家”），所以李公麟隔三岔五会送给黄庭坚一些礼物。他都送了些什么礼物呢？一是产自四川的研膏茶，二是产自安徽的黄雀鲊。

黄庭坚词曰：“黔中桃李可寻芳，摘茶人自忙。月团犀腌斗圆方，研膏入焙香。青箬裹，绛纱囊，品高闻外江。酒阑传碗舞红裳，都濡春味长。”此处“黔中”不是贵州，而是四川。四川产茶，春天桃李盛开，采茶工人忙着采摘细嫩的茶芽，然后交给制茶工人做成或圆或方的砖茶。有的砖茶像满月一样浑圆，有的砖茶像带扣一样方正，而无论是圆是方，做茶的时候都要研膏和烘焙。砖茶出笼，用翠绿的竹叶包裹，用鲜红的纱囊盛放，运出四川，名闻江南。几个朋友小聚，酒酣耳热，每人来一碗这样精美的研膏茶，边品茶边观赏歌舞，真是春光无限，韵味悠长。

所谓研膏茶，指的是加工时多了一道研膏的工序。而所谓研膏，其实就是通过压榨、舂捣、揉洗、研磨等方式，将茶叶里的苦汁排挤出去，使成品茶甜而不涩，香而不苦，甘香厚滑，入口绵柔，不像中国绿茶，倒像是加了牛奶和糖的英式红茶。

宋朝成品茶可分两类，一类叫“草茶”，一类叫“片茶”。

做草茶比较简单，将新摘的茶叶漂洗干净，摊入蒸笼，蒸到由绿变黄，晾至半干，用炭火焙干即成。做片茶比较麻烦，在把茶叶蒸熟以后，还要用布包起来，放进大木榨里使劲挤压，挤出一部分苦汁，再放进茶臼里捣成茶泥，然后再将茶泥挖到陶盆里，加入泉水，反复冲洗，尽可能地把苦涩成分都洗干净，最后再放进茶模，压成不同造型的小茶砖，并放在竹笼里烘焙至内外干透。简言之，草茶就是蒸青散茶，很像现在日本的煎茶，而片茶则是蒸青研膏茶，并且还是压成茶砖的蒸青研膏茶。

喝过日本煎茶的朋友都知道，蒸青茶要比炒青茶苦得多，所以日本人喝茶喜欢配甜点，用甜食来压制茶汤的苦味。宋朝的片茶虽然也是蒸青茶，但它并不苦，因为它是研膏茶，苦味儿早被研出去了。

说完了研膏茶，下面再说黄雀鲊。

黄庭坚诗云："去家十二年，黄雀慳下箸。笑开张侯盘，汤饼始有助。"这首诗本来很长，我们只节录一个开头。诗题为"谢张泰伯惠黄雀鲊"，意思是感谢张泰伯赠送黄雀鲊。张泰伯是江西官员，请李公麟给母亲画过像，完了送给李公麟一坛黄雀鲊。李公麟一尝，味道甚美，忍不住想照顾一下自己的亲家公，于是就借花献佛，让张泰伯再送一坛黄雀鲊给黄庭坚。

黄庭坚在诗中赞叹道："南包解京师，至尊所珍御。玉盘登百十，睥睨轻桂蠹。"江西地方官将一坛坛黄雀鲊运往京师，运进宫廷，立即成为皇帝的最爱。皇帝餐桌上琳琅满目，罗列着各种各样的珍馐美味，但是都没有这道黄雀鲊好吃。

黄雀是一种鸟，比鹌鹑大不了多少，叫声清脆，样子可爱，咱们现代人应该舍不得吃它。可是宋朝人似乎特别爱吃这些可爱的小鸟，如鹌鹑、黄雀、麻雀、斑鸠，无论在《武林旧事》中清河郡王张俊招待高宗皇帝的盛筵上，还是在《东京梦华录》中开封夜市的地摊上，都成了人们的口中食。据宋人笔记《独醒杂志》记载，蔡京做宰相的时候，江西地方官送他九十多瓶“咸豉”，打开一瞧，哪里是普普通通的咸豆豉啊，竟然是用黄雀胃加工的“黄雀肫”！黄雀很小，胃部更小，将成千上万只黄雀残忍地杀死，剖腹取胃，清洗干净，搌干水分，拌上作料，封入瓷瓶，腌上十天半月，送给权相品尝，真是世间一大惨事。不过反过来也说明宋朝人喜欢吃这种东西，或者说流行吃这种东西。

南宋食谱《浦江吴氏中馈录》留下了黄雀鲊的具体做法，容我抄录如下：

> 每只洗净，用酒洗，拭干，不犯水。用麦黄、红曲、盐、椒、葱丝，尝味和为止。却将雀入扁坛内，铺一层，上料一层，装实，以箬盖篾片扦定。候卤出，倾去，加酒浸，密封久用。

将黄雀拔毛剖腹，摘净肚肠，用黄酒洗净，搌干，不要沾水。然后将麦黄（麦粒泡透，蒸熟取出，拌上面粉，撒上饭曲，摊放在墙角处，盖得严严实实，使其发热，结块，长出黄色的细毛，即成麦黄，可用来做酱）、红曲、食盐、花椒、葱丝等作料混合到一处，作料数量与比例均视口味而定，觉得淡就多放盐，觉得咸就少放盐。作料拌匀以后，将黄雀码放到浅坛里，码一层黄雀，撒一层作料，装实，盖严，坛子口用竹签子插牢。过一段时间，黄雀会渗出咸水，这时候打开坛子，将咸水倒掉，再倒入黄酒，继续密封保存。

虽然知道了黄雀鲊的做法，但是我始终没有尝试去做。黄雀很可爱，我真不舍得吃，即使舍得吃，我也逮不到。

我倒是试着做过“鱼鲊”和“肉鲊”。

半斤草鱼三四条，宰杀干净，里外抹盐，鱼鳃和鱼嘴里塞些姜片和麻椒，腌上一天，铺到砧板上，用布包住，压上几十斤重的青石板，压出多余的血水。第二天，剁去头尾，把鱼身码入玻璃坛子，撒上陈皮和碎米，封坛一个星期，取出蒸食，此之谓鱼鲊。

再买猪腿肉三四斤，片成大片，煮到半熟，切成肉丁，用布包住，拧出水分，用米醋、食盐、花椒、草果拌匀，倒进坛子里，封存一个星期，取出蒸食，此之谓肉鲊。

鱼鲊和肉鲊的做法在《浦江吴氏中馈录》中也可以见到，只是这本书里记载的吃法较为生猛，鱼鲊与肉鲊出坛之后，不蒸不煮，生着就能吃。身为现代文明人，我担心寄生虫作祟，所以必须蒸熟之后才敢下嘴。味道如何呢？嗯，鲜香，劲道，且有丝丝甜味，拿来下酒真是再好不过。

鱼鲊、肉鲊、黄雀鲊，同属于鲊。鲊是腌渍的菜肴，并且特指干腌的菜肴，入坛之前必须去除水分，例如黄雀鲊用酒清洗，避免见水，鱼鲊和肉鲊分别用石板和布包压挤水分，都属于干腌。同样的，如果将蛏子、虾子、茄子、萝卜压去水分，也可以做成蛏鲊、虾鲊、茄鲊和萝卜鲊。

做鲊去水，是为了延长食材的存放时间——水分是细菌的营养液，把水分弄没了，细菌才能走投无路。南宋周去非《岭外代答》说广西人做的鱼鲊可以保存十来年，那正是去除了水分的成果。

今天我们探讨了宋朝的茶和宋朝的鲊，我觉得这两种饮食是有共同之处的：宋人做茶需要研膏，也就是去除苦汁，宋人做鲊则需要去除水分，其实都是在做减法。

有的朋友可能会说：做茶去膏，做鲊去水，必然会损失大量的茶多酚、氨基酸、维生素等营养成分，所以这种做法是得不偿失。我承认这一点，可是话说回来，营养成分真的有那么重要吗？特别是在这个物质丰足的时代，我们最不缺乏的，恰恰就是营养。

第四章

水中生鲜

去宋朝吃日本料理

苏东坡很喜欢吃鲙，隔几天不吃就馋得慌。有段时间，他得了很严重的红眼病，双眼又红又肿，看东西模糊不清，医生劝他不要再吃鲙了，他为难地说："要是不吃鲙，我的嘴巴肯定闹意见，可是如果继续吃鲙，那又对不起我的眼睛，眼睛和嘴巴都在我身上长着，没有道理厚此薄彼，您说我该怎么办才好呢？"（参见《东坡志林》卷一《子瞻患赤眼》）

后来苏东坡是听从了医生的建议不再吃鲙了呢，还是嘴馋忍不住继续吃鲙呢？他自己没有说，所以谁也不知道。从性格上看，苏东坡是个感性大于理性的人，我估计他不顾眼病继续吃鲙的可能性比较大。

鲙对苏东坡的吸引力这么大，究竟是什么样的美食？很简单，就是鱼生。

从训诂学的角度讲，"鲙"这个字是从"脍"字演化而来的，而"脍"字指的是切细的肉。

孔子说过："食不厌精，脍不厌细。""精"是最高档的大米，"脍"是切得很细的肉，大米越高档越好吃，肉切得越细越好吃。

孔子那个时代，加工肉食分四种方式：一是烹煮，搁到鼎里整块煮熟；二是烧烤，架在炭火上烤熟；三是腌制，把肉剁成碎末，掺上作料，密封到罐子里，腌上几天再吃；四是凉拌，把肉切成薄片或者细丝，用盐和醋拌一拌，直接生吃。

用鼎煮肉叫作“烹”，用火烤肉叫作“炙”，腌制的肉酱叫作“醢”，切细并生吃的肉叫作“脍”。有个成语叫“脍炙人口”，意思就是夸别人的作品很好，就像生肉片和烤肉串一样美味。

咱们现代人可能会觉得生肉片又腥又膻，一点儿都不美味，可是古人却不这么看。从周朝到唐朝，中国人一直都是很喜欢吃脍的。换句话说，古代中国人认为切细的生肉非常好吃。比如说唐朝有一道很有名气的大菜叫“五生盘”，就是把猪肉、羊肉、牛肉、鹿肉和狗熊的肉切成薄薄的小片，漂洗干净，揩干水分，拼成梅花形状，放到一个大盘子里，蘸着调料汁生吃。记得一年腊月到西双版纳采景，在傣族“年猪宴”上吃过一道“红生”，里脊洗净，切成碎丁，拌上盐，拌上调料，也是生吃。我没有吃过五生盘，在我心目中，唐朝五生盘的口味应该很像红生，乍听起来又腥又膻，难以下咽，只管尝一口，嗯，还能接受。

古人吃生肉的同时，还喜欢吃生鱼。生鱼怎么吃？跟其他动物的肉一样，先细切，再凉拌，不经过蒸煮，不经过油炸，不经过烧烤，不经过烩扒，完全是生着吃。为了把生鱼跟生肉区分开，中国古人又根据“脍”字创造了一个新字：鲙。脍是月字旁，表示切细的生肉；鲙是鱼字旁，表示切细的生鱼。

苏东坡是宋朝人，宋朝人的口味跟唐朝相比，已经变了不少，宋朝人不喜欢生吃各种牲畜的肉，只喜欢生吃鲜鱼的肉，也就是鱼生。鱼生火，肉生痰，多吃鱼容易上火，多吃鱼生更容易上火，所以苏东坡得红眼病的时候，医生会劝他戒掉鱼生，以免体内的火气越来越大，眼病的症状越来越重。但苏东坡是出了名的老饕，应该不会因为上火而戒掉鱼生。

宋朝的大文豪几乎都爱吃鱼生。除了苏东坡，欧阳修、梅尧臣、范仲淹、黄庭坚等人都是鱼生的忠实粉丝。梅尧臣家里雇了一女厨子，刀工一流，专做鱼生。欧阳修年轻时候在开封上班，每逢休假，一准上街买几条鲜鱼，拎到梅圣俞家里，让梅家的女厨师替他加工鱼生。（参见叶梦得《避暑录话》卷下）

王安石变法前后，有个大官儿叫丁谓，也很爱吃鱼生。他在东京汴梁的家里挖了一口池塘，池塘里养着几百条鱼，平时用木板盖着，什么时候来了客人，掀开木板，钓上几条鱼，现钓现切，现切现吃。（参见邵伯温《邵氏闻见录》卷七）

东京汴梁的老百姓也爱吃鱼生。《东京梦华录》记载，每年阳春三月，京城西郊的金明池会开放几天，让市民钓鱼，这时候广大市民拎着鱼竿、扛着砧板、揣着快刀来到金明池畔，把鱼钓上来以后，直接就在岸边刮鳞去腮，切成薄片，蘸着调料大吃。这种场面在宋朝叫作“临水斫鲙”，是东京汴梁一大胜景。

东京汴梁就是现在的开封。现在开封人喜欢钓鱼，但是不喜欢吃鱼生，主要原因是怕腥，不敢吃。不信大伙去开封的时候可以找几个当地人随机访问一下，问问他们是否对鱼生感兴趣，我猜他们都会摇头说NO。有些访问对象甚至连鱼生是什么都不知道，因为现在绝大多数饭馆里都不卖这道菜。

为什么宋朝开封人喜欢吃鱼生，而现代开封人却对鱼生不感冒呢？两条原因：

第一，北宋灭亡以后，开封成了金国的首都，好多中原居民都跑到南方去了，换成女真人、契丹人和蒙古人在开封定居，这些少数民族没有吃鱼生的习俗，所以自金国以降，开封以及整个中原地区移风易俗，扔掉了吃鱼生的喜好，而这一喜好却在江浙和闽广保留了下来——那里正是北宋灭亡后中原居民的迁徙地。

第二，受少数民族不断南扩的影响，中国人的饮食习惯从元朝开始又发生了一次大变革，除了两广和福建一带，全国绝大多数地方都淡忘了吃鱼生的传统，你给他们一条鱼，他们不是清蒸就是油炸，完全想不到还能生吃。

当然，即使在宋朝，也不是所有地方的人都懂得吃鱼生，起码陕西、山西、河北这几个北方省份的居民是不吃的。当年范仲淹带兵在陕西驻防，走到水边，看见水里有很多鱼，非常开心，想钓上几条打打牙祭，当地人却说："此水不好，里面有虫！"（江休复《江临畿杂志》）那时候陕西人管鱼叫作虫，认为鱼是一种不能吃的怪物（其实直到20世纪，还有一些陕西人不敢吃鱼）。不过总的来说，宋朝时习惯吃鱼生的居民比现在要多，流行吃鱼生的区域比现在要大。在北宋中后期，黄河以南只要是靠水居住的老百姓，都能吃鱼生，不像现在，就连长江以南也有很多人不知道鱼生是什么玩意儿，以至于在饭店里见到生鱼片，还以为那都是日本料理，而忘了日本料理当中有很多特色都是从古代中国尤其是宋朝传过去的。

日本料理离不开刺身，也就是切细并生吃的肉，包括生鱼片，而我们刚才已经说过，古代中国人发明了脍和鲙。

日本料理离不开味噌，也就是调味用的豆豉，而在宋朝和宋朝以前的各个朝代，豆豉一直是中国人不可或缺的调味料，人们用它代替盐和酱油，用它炖肉，用它熬制成跟日本味噌汤一样的“豉羹”。

日本人吃鱼生离不开瓦萨比，也就是芥末酱，而用芥末酱来拌鱼生是宋朝时最流行的做法——唐朝人吃鱼生喜欢就大蒜，宋朝革除了这一做法，换成了味道更加鲜美且不会产生口气的芥末和橙汁。

日本料理还离不开寿司，寿司是米饭和配菜的结合体，而米饭必须要用醋来调制，经过简单发酵，称为“醋饭”。而在宋朝，江南老百姓每天下午习惯于做“水饭”：把糯米蒸熟，趁热倒进清水缸里，往缸里加点儿醋，加点儿糖，盖上盖儿，到第二天盛出来，把水控掉，握成饭团，吃起来又酸又甜，再裹上一层青菜，跟寿司一模一样。

正统的日本料理讲究上菜次序，不是呼啦一下子把所有的菜都端上桌，而是吃完一道再上一道。宋朝的高规格饭局也很讲究上菜次序，也是吃完一道菜再上一道菜。在北宋招待契丹使臣的国宾宴上，在宋朝皇帝大宴群臣的皇家宴席上，酒和菜严格搭配，每喝一杯酒，都要把旧菜撤下去，换上一道或者两道新菜（参见司膳内人《玉食批》、司马光《涑水纪闻》），餐桌上干干净净，绝不会出现盘子碟子摞成堆的狼藉景象。

日本厨师做刺身的时候最讲究刀工，专业做刺身的厨师能划分好些个等级，高等级厨师甚至要经过几十年的刻苦训练。宋朝厨师做鲙也是对刀工有着非常高的要求，鱼片切好以后，一定要薄得像宣纸，轻得像羽毛，这样才容易入味，不会让人吃出腥膻的味道。

有个事例可以证明宋朝厨师的刀工究竟高到哪个地步：南宋时期，山东泰安有个厨师，擅长做脍，也就是切生肉。他做脍的时候，让助手赤裸上身，匍匐在地，然后把一斤肉块搁在助手背上，运刀如风，很快就能把那块肉切成一排细如毛发的肉丝，而助手的脊背居然完好无损。（参见曾三异《同话录·绝艺》）

我对这位大宋厨师的刀工非常羡慕，可是我不敢模仿，您要真把一块生肉搁到别人背上让我切的话，我大概会把人家的脊背切掉一部分，把一斤肉块变成两斤肉丝。

小皇帝吃螃蟹

宋仁宗是个很有人味儿的皇帝。

据朱熹《二程外书》记载，仁宗皇帝吃饭，吃到了一颗砂粒。这如果换作别的皇帝，一准龙颜大怒，责骂下头人不会侍候，甚至还可能兴起大狱，砍掉某些人的脑袋。但是仁宗没有这样做，他不声不响，轻轻把砂粒吐出来，轻轻地放到餐桌上，继续往嘴里扒饭。旁边的嫔妃惊叫道："皇上您看，米没有淘净耶！"仁宗赶紧制止："切勿语人，朕曾食之，此死罪也。"嘘，你小声点儿，刚才朕已经尝到了，千万别让下面知道，不然淘米的这个人就有死罪了。

《二程外书》又记载，仁宗皇帝想吃荔枝，掌管宫廷果品的果子局官员回奏道："对不起皇上，微臣罪该万死，今年进贡的荔枝已经吃完，明年进贡的荔枝还没有到货。"一个太监自告奋勇请旨："听说外面市场上还有，我去给皇上买几斤吧？"仁宗又赶紧制止："不可令买之，来岁必增上供之数，流祸百姓无穷。"一定不要去买，否则地方官会听说宫里的荔枝不够吃，来年就要加倍进贡，岂不是增加人民负担吗？

《二程外书》还记载，仁宗皇帝半夜醒来，翻来覆去睡不着，近侍问道："皇上是不是想进膳啊？""嗯。""那您想吃什么呢？""烤羊头。""奴才这就吩咐御厨房，让他们给您做去。"仁宗连连摇手道："不可，今次取之，后必常备，日杀三羊，暴殄无穷。"你可千万不能去说啊，朕半夜三更吃一顿烤羊，那不算什么，怕的是以后形成惯例，御厨房为了讨朕欢心，每天都要宰杀三只羊预备着，那样浪费可就大了去了。于是乎，仁宗"竟夕不食"，宁可自己一晚上忍饥挨饿，也没有下旨索要烤羊头。

以上这些都是小事，小中见大，可以见到宋仁宗的细心和仁慈，也说明他是个擅长克制的好皇帝，为了江山社稷，可以克制自己的食欲。

不过早在仁宗刚刚即位的时候，他其实是不能克制食欲的。

司马光《涑水纪闻》有载，仁宗打小就爱吃螃蟹，一顿不吃就馋得发慌，一吃起来就刹不住车。由于他螃蟹吃得太多，太没有节制，最后吃出毛病来了：头晕眼花，四肢麻木，咳嗽吐痰，还经常便秘。

众所周知，螃蟹是好东西，但是性寒，不宜多吃，吃多了会得"风痰之症"。什么是风痰之症？就是宋仁宗那些症状。

那时候宋仁宗才十几岁，还没有亲政，真正掌权的是他名义上的母亲刘太后。刘太后看见小皇帝吃螃蟹吃坏了身体，当即发下懿旨："虾蟹海物不得进御！"以后可不敢再让皇上吃螃蟹了。不光螃蟹，所有海鲜都不许送到宫里来！

一个十几岁的孩子，哪能管得住自己的嘴啊？仁宗吩咐太监宫女偷偷去外面馆子里买螃蟹，可是大家都怕刘太后，不敢答应，这可把他给馋坏了。另一个皇太后看不下去了，她就是刘太后的好姐妹、亲自抚养宋仁宗长大的杨太后。杨太后说：“太后何苦虐吾儿如此？”刘太后干吗这么虐待我们的小宝贝啊？你不让他吃螃蟹，我让他吃！于是她“常藏而食之”，经常从秘密渠道弄些螃蟹给宋仁宗解馋。

若干年后，宋仁宗亲政，对杨太后很感激，对刘太后却心怀怨恨。他为啥要怨恨刘太后呢？一半是因为刘太后垂帘听政时间太长，让他当了多年的傀儡皇帝，另一半则是因为刘太后管他管得太严，不让他吃螃蟹。

小皇帝爱螃蟹，这不稀奇。螃蟹嘛，很鲜，很有营养，吃多少都不腻，甭说仁宗好这一口，我也爱，相信正读这段文字的读者诸君也喜欢吃螃蟹。令人遗憾的是，史料中没有记载仁宗小时候吃的究竟是哪种螃蟹。或者更确切地说，我们不知道宋朝宫廷中的螃蟹料理究竟是怎么做的。

现存饮食文献中有一篇《玉食批》，是宋朝某位皇帝写给太子的膳单，罗列了一大堆美食名称，其中两道与螃蟹有关的美食，分别是“浮助酒蟹”和“蝤蛑签”。

浮助酒蟹是怎么做的呢？不得而知，蝤蛑签则可以猜到。蝤蛑者，青蟹是也。签呢？是宋朝象形食品的一个大类，通常是将食材切成丝，用猪网油卷裹成筒，挂上蛋糊，入油炸透，再一切两半，外形很像寺庙和道观里供人抽签的签筒。推想起来，将青蟹蒸熟，剥取蟹肉，撕成小段，裹成网油卷，大概就成宋朝宫廷食品蝤蛑签了。

宋人笔记《武林旧事》提及宋高宗驾临清河郡王张俊府邸，

张俊设宴迎驾，几十道佳肴堆满酒席，中有“螃蟹酿橙”“螃蟹清羹”“洗手蟹”“蝤蛑签”四道，也是用螃蟹做的。

从菜名上推想，螃蟹酿橙即蟹酿橙——取鲜橙一枚，削去顶皮，将瓤挖空，填入蟹粉，盖上盖儿，上笼蒸。橙香可以提鲜，橙汁可以去腥，橙皮可以锁住蟹肉的汤汁，不让它滴进锅里，真是一举三得。螃蟹清羹呢？大概就是用螃蟹清炖的汤。蝤蛑签在前面已经说过，洗手蟹则是一道很野蛮的菜，做法见于南宋食谱《浦江吴氏中馈录》：

> 用生蟹剁碎，以麻油先熬熟，冷。并草果、茴香、砂仁、花椒末、水姜、胡椒俱为末，再加葱、盐、醋，共十味，入蟹内拌匀，即时可食。

活蹦乱跳的一只螃蟹，不揭壳，不去肠，噼里啪啦剁得稀碎。将香油加热，放凉备用。取草果、茴香、砂仁、花椒、胡椒、鲜姜若干，能切碎的切碎，能捣碎的捣碎，再加上葱、盐、醋，与香油、草果、茴香等作料放在一块儿，凑成十种调味料，将刚才剁得稀碎的螃蟹拌匀，即可食用。

您瞧，螃蟹是剁碎的，而且是生的，拌上作料就吃，细思极恐。当然，砂仁、草果、茴香、胡椒与生姜能去腥，但是总不能生吃啊？那是螃蟹，不是鲜鱼，既有硬壳，又有内脏，吃的时候难道不扎喉咙吗？就算你咽得下，它也不卫生啊？寄生虫什么的暂且不提，内脏总得去掉吧？生螃蟹怎么去掉内脏呢？所以这道洗手蟹应该不是宋仁宗的菜，如果仁宗爱吃，那我们只能说他重口味。

众所周知，苏东坡也爱吃蟹。东坡《老饕赋》有云：“尝项上之一脔，嚼霜前之两螯。烂樱珠之煎蜜，滃杏酪之蒸羔。蛤半熟而含酒，蟹微生而带糟。盖聚物之夭美，以养吾之老饕。”其中“霜前之两螯”指的是秋后螃蟹成熟时那两只蟹钳，“蟹微生而带糟”自然是指酒糟蟹。蟹钳里的蟹肉既鲜又韧，有咬头；酒糟蟹有蟹的鲜香，还有黄酒的糟香，香劲浓郁，回味绵长，鲜美不可方物。老苏爱蟹钳，爱糟蟹，应该不爱洗手蟹，因为他没有那么重口味。

《东京梦华录》卷二《饮食果子》中有一道“炸蟹”，即油炸螃蟹，可能也是某些重口味食客搞出来的吃法。螃蟹用油炸，蟹的鲜味全被滚油赶走，真是暴殄天物。不过即使到了今天，我们豫东老家的红白宴席上的螃蟹仍然是以油炸为主：螃蟹用盐腌透，挂满面糊，扔进油锅里炸透，俗称“面蟹”，又叫“面拖蟹”。这样炸过的螃蟹如果再加料焖一下，还可以尝到蟹的少许鲜味，问题是我们那儿的村宴厨师不懂这个，炸后不焖，直接拿着吃，以香脆为美。最吓人的是，参与村宴的乡亲们居然也认为螃蟹最好的吃法就是油炸，如果你端给他们一笼清蒸螃蟹，他们会觉得太腥，也太淡，不好吃，更不好剥，无从下手。

除了螃蟹，还有鱼虾，在我们豫东也是以油炸为主。小龙虾治净，挂糊炸黄，在我们那儿叫作“面虾”，竟是婚宴和小城镇饭馆的主打菜。沈括《梦溪笔谈》有云：“北方人喜用麻油煎物，不问何物，皆用油煎。庆历中，群学士会于玉堂，使人置得生蛤蜊一篑，令饔人烹之，……煎之已焦黑，而尚未烂。”宋仁宗庆历年间，朝臣在政事堂聚餐，交给小食堂一筐生蛤蜊，让厨师去做，结果被一个北方厨师给油炸了，外壳都炸焦了，蛤蜊肉还没熟。宋朝时的北方人就喜欢油炸，现在还是这样，为啥？不是因为北方厨师太笨，而是因为他们平日吃过的螃蟹鱼虾之类的水产实在太少，不知道除了油炸还有别的做法。

《梦溪笔谈》又载，在北宋时期的陕西，大多数人没见过螃蟹，有个富人不知从哪个渠道弄到一只螃蟹，挂在墙上当装饰品，邻居去串门，一眼瞧见螃蟹，吓得扭头就跑。后来邻居去的次数多了，不害怕了，却又以为那只螃蟹可以辟邪，每当谁家的小孩子受了惊吓，就把那只螃蟹取出来，恭恭敬敬挂到大门口……

您看，见都没见过，又怎么懂得吃呢？

大宋燕鲍翅

在咱们中国，每当说起“燕鲍翅”，一定让人联想到高档宴席。是啊，燕窝、鲍鱼、鱼翅，都是中餐宴席的高档菜品。

问题在于，它们是从什么时候成为高档菜品的呢？

翻翻我们浩如烟海的历史文献，查查我们琳琅满目的古典食谱，能看到一点儿蛛丝马迹。

首先可以肯定，鲍鱼走上餐桌的时间最早。

《汉书·王莽传》写道：“军师外破，大臣内叛，左右无所信，……莽忧闷不能食，但饮酒，食鳆鱼。”西汉外戚王莽篡权夺位，自己当皇帝，很多人反对他，把他愁得吃不下饭，只能喝闷酒、吃鲍鱼。

曹植在祭祀父亲曹操的文章里写道：“先主喜食鳆鱼，前已表徐州臧霸送鳆鱼二百。”曹操活着时爱吃鲍鱼，所以曹植写信让地方官送来两百只，希望曹操的在天之灵可以继续享用。

读者朋友可能会质疑：文献里说的明明是“鳆鱼”啊，哪里是鲍鱼？其实在古代中国，人们一直管鲍鱼叫“鳆鱼”。至于现在常说的“鲍鱼”，古时候指的是臭咸鱼。

遥想当年，秦始皇在考察途中猝死，随从大臣秘不发丧，跟往常一样去他的专车上早请示、晚汇报，沿着官道返回咸阳。天热路远，没有冰箱，秦始皇的尸体很快腐烂，车里散发出阵阵恶臭。为了防止人们起疑，随从弄了一车鲍鱼跟在后面，试图让人相信那些臭味儿来自后面的鲍鱼，而不是皇帝的专车。结果他们成功了。

这段故事载于《史记》，人所共知。以前我没文化，一读到这段就怀疑那些随从大臣的智商：鲍鱼是名贵食材，怎么会有臭味儿？读书多了，才知道《史记》里的鲍鱼并不是现在有钱人吃的那种名贵海鲜，它只是臭咸鱼而已。

当然也不光《史记》，包括四书，包括《汉书》，包括《三国志》，包括《新唐书》《旧唐书》《五代史》和《宋史》，元代以前所有典籍里的鲍鱼其实都是臭咸鱼。有个成语叫“鲍鱼之肆”，本义就是指很臭很臭，好像走进一家店铺，里面正卖一坨一坨的臭咸鱼，臭味儿铺天盖地，能砸你一跟头。

宋朝语境自不例外，如果你瞧见宋朝人给你写出“鲍鱼”两个字，甭问，他指的准是臭咸鱼。可如果他只写一个“鲍”字，那就不是臭咸鱼了，而是牡蛎，牡蛎在宋朝被称为“鲍”。宋朝有一款名叫“滴酥鲍螺”的无敌可爱小点心，那就是用奶油挤出扁扁的、带螺旋的花式造型，状如牡蛎和海螺。

宋朝不是没有鲍鱼，可是在宋朝人笔下，鲍鱼不能写成鲍鱼，只能写成“鳆鱼”。《苏轼文集》里有苏轼写给朋友滕达道的一封信：“鳆鱼三百枚、黑金棋子一副、天麻煎一部，聊为土物。”意思就是说他给人家寄过去三百只鲍鱼以及别的名贵土产。那时候苏轼正在山东登州做知府，鲍鱼是登州最有名的特产。

苏轼有一至交叫陈师道，是诗人，也是美食家，对茶和海鲜颇有研究，他认为大宋境内有四绝：洪州的双井茶是一绝，越州的日注茶是一绝，明州的江瑶柱是一绝，登州的鲍鱼是一绝，这四绝当中，又数登州的鲍鱼最为难得。（参见陈师道《后山谈丛》卷二）

根据历史文献，我们可以十拿九稳地下结论：至少从汉朝和三国时期开始，中国人就开始吃鲍鱼了。

跟鲍鱼相比，鱼翅走上餐桌的时间要晚一点。

古代中国留给我们的食谱很多，不过很少提到鱼翅。按照现存文献，第一次提到鱼翅的，应该是宋朝史料《杨公笔录》，原文非常简短："余以鳆鱼之珍，尤胜江珧柱，不可干至故也，若沙鱼翅鳔之类，皆可北面矣。"

这段话的作者叫杨延龄，北宋官员，生活在王安石变法前后。在杨延龄看来，鳆鱼（鲍鱼）、江珧柱（栉江珧的闭壳肌，干制品俗称"干贝"）、沙鱼翅鳔，都是珍贵食材，但鲍鱼最珍贵。为啥？因为当时的工艺还比较落后，鲍鱼还不能制成干货。这段话的弦外之音是，至少在北宋一朝，我国劳动人民就懂得怎样将江珧柱和沙鱼翅鳔做成干货，但是却不懂得怎样把鲍鱼制成干货。

那么，啥是"沙鱼翅鳔"呢？很简单，就是鱼翅和鱼鳔。

按宋朝食谱，当时将鲨鱼写作"沙鱼"。宋朝人把鲨鱼肉（或者鲨鱼肉冻）切成薄片，名为"沙鱼脍"；也将鲨鱼皮煲汤，名为"沙鱼衬汤"；还喜欢把鲨鱼皮剔净，煮软，剪成长条，浇上清汤，铺上菜码，像吃面一样呼噜呼噜吃下去，名为“沙鱼缕”。至于“沙鱼翅鳔”，当然是指鲨鱼的鱼翅和鱼鳔啦！

宋末元初的孔齐在《至正直记》一书中提到过吃鲨鱼的经历：“予至鄞食沙鱼，腹中有小鱼四尾或五六尾者，初意其所食，但见形状与大者相肖，且有包裹，乃知其为胎生也。”孔齐在宁波吃过一条鲨鱼，剖开肚子一瞧，里面有四到六条小鱼，原以为是被鲨鱼吞下去的食物，但是那些小鱼的长相跟被剖开的鲨鱼相像，而且体外还裹着胞衣。孔齐由此推论，鲨鱼跟人一样，都是胎生的动物。

轶事出自宋末元初的《至正直记》，都跟鲨鱼有关，可惜都没能显示出宋朝人如何吃鱼翅，也就是鲨鱼的鳍。

在宋朝以前的文献里，没有鱼翅的踪迹（也许有，还没看到）。在宋朝或者宋末元初的文献里，出现了鱼翅，但是却没有鱼翅的做法（也许有，还没看到）。宋朝人到底怎样吃鱼翅呢？暂时不得而知。总而言之，鱼翅作为食材，至少从宋朝开始。

那么宋朝人是否已经开始食用燕窝了呢？答案是否定的。燕鲍翅这哥仨，鲍鱼至少从汉朝入馔，鱼翅至少从宋朝入馔，而燕窝十分可耻地迟到了。

江湖故老传言，中国人本来不懂吃燕窝，直到郑和下西洋，船队遇上风暴，停泊到马来群岛的一座岛屿上，无意中发现悬崖峭壁上的燕窝，郑和下令采摘食用，返程时将剩余的燕窝献给明成祖，从此燕窝才在中国餐桌上流行开来。

这个传说靠谱吗？应该不靠谱，燕窝来到中国，肯定比郑和下西洋要早。

明朝初年有一位百岁老人贾铭，他生在南宋，活在元朝，死在明初。临死前，此老出版了一本关于食疗和养生的著作《饮食须知》，第六卷已经提到燕窝："味甘，性平。黄、黑、霉烂者有毒，勿食。"燕窝的味道是甜的，药性是平的，可以吃。如果燕窝发黄发黑，或者霉烂，那就有毒了，不能吃。

贾铭关于燕窝的记载很简略，还有错误（燕窝发黄并不能证明有毒），但他是现存文献中记载燕窝能吃的第一人。他大半辈子在元朝生活，在明朝建立不久就寿终正寝，说明燕窝在元朝或者明初时已经被一部分中国人吃到。

清朝人曾廉编纂过一部补写元朝历史的《元书》，该书第一百卷说，海南岛的对面，占城国的东面，有一个马兰丹国，出产珍珠、玳瑁、冰片、海参和燕窝，1286年曾向元世祖忽必烈进贡。这段记载没有说明马兰丹国进贡物品中有没有燕窝，但是明确写到马兰丹国出产燕窝。

马兰丹在哪儿呢？根据《元书》的描述，应该位于现在越南的中部。这个小王国存续时间太短，只向元朝进贡过一次，就被其他王国吞并了。到了明朝，由于郑和下西洋的影响，向中国进贡的南海小国陡然增加，贡品中实实在在出现了燕窝。

嘉靖年间，广州人黄衷离开官场，隐居越秀山，创办矩洲书院，亲眼看到来自菲律宾群岛的商船驶入广州湾，运来珠贝、香料和燕窝。黄衷说："海燕大如鸠，春回巢，于古岩危壁葺垒，乃白海菜也。岛夷俟其秋去，以修竿接铲，取而鬻之。……海燕窝随舶至广，贵家宴品珍之，其价翔矣。"海燕大如斑鸠，春季飞回，在悬崖峭壁上筑巢，这就是传说中的燕窝，俗称“白海菜”。秋天到了，海燕飞走了，岛上土著用长竹竿捆绑铁铲，将燕窝铲下出售，被海外商船运到广州，成为达官显贵的席上珍品，与此同时，它们的价格则像海燕一样越飞越高。

燕窝究竟何时开始食用？可能始于元朝，也可能始于明朝。目前看，明朝的证据更多，更扎实。

宋朝有没有乌鱼子

宋徽宗大观末年（1110），蔡京罢相，带着十四岁的儿子蔡绦去杭州居住。他走的是水路，坐的是大船。在他大船的旁边，时不时划过一些小船，船头站着渔民，向过往船只兜售刚刚捕捞上来的鱼虾。蔡京招招手，让一艘渔船靠近，问道："你的鱼怎么卖？多少钱一斤？"渔民见有主顾，满脸堆下笑来："回您老，不论斤，十条只卖十五文。"说着从桶里摸出一条半尺来长、活蹦乱跳的鱼来，双手举着让蔡京看。蔡京见鱼不错，就让蔡绦数出三十文铜钱，买了二十条鱼。

买完鱼，蔡京吩咐继续开船，走没多久，忽听后面有人高喊："前面的客官，请等一等！"扭头一瞧，刚才卖鱼的那艘小船正风驰电掣般驶过来。蔡京不解何故，跟儿子说："这个人可能是捕到大鱼了，赶过来向咱们这老主顾推销的吧？"说话间那渔民已经把船划拢过来了，只见他将一枚铜钱轻轻扔到了蔡京的甲板上，并解释道："刚才卖给您二十条鱼，应该收您三十文钱，可是您家公子没有数清楚，多给了一文，所以我必须把它还给您。"蔡京听了大受感动，无论如何不收那文钱，还要再加赏一些贵重东西，但都被那个渔民拒绝了，只见他掉转小船，消失在茫茫湖水之中。

多年以后，蔡絛在其著作《铁围山丛谈》中回忆起这件往事，犹自大发感慨："吾每以思之，今人被朱紫，多道先王法，言号士君子，又从驺哄坐堂上曰贵人，及一触利害，校秋毫，则其所守未必能尽附新开湖渔人也。"现在的大官言必称古圣先贤，好像挺仁义似的，可是一旦涉及权位与名利，他们就锱铢必较、睚眦必报，我看他们的道德操守离那个渔民差远了。

想必蔡絛所说的大官不包括他爹蔡京，其实蔡京祸国殃民，坏事做尽，道德操守只怕更差。不过今天我们暂且不谈蔡京的道德，只谈他买的那些鱼。如前所述，从湖里刚刚捕捞上来的鱼，半尺来长，活蹦乱跳，二十条才卖三十文，真是便宜得很。

有宋一朝，鱼的价格通常比其他肉类便宜。如陆游《买鱼》诗云："卧沙细肋何由得？出水纤鳞却易求。""两京春荠论斤卖，江上鲈鱼不值钱。"羊肉太贵，买不起，早春的荠菜也论斤出售，颇为稀缺，唯独鲜鱼极大丰富，要多少有多少，花一点点钱就能买到好多。

那是不是所有的鱼都很便宜呢？当然不是。

蔡京死后不到二十年，又一位大奸臣秦桧执掌了权柄，他主持和议，跟金国签下停战协定，将宋高宗他妈韦太后从金国迎接了回来。这位韦太后是个酒鬼（每月饮酒几十斤），也是个吃货，爱吃一种名叫"子鱼"的鱼。有一回，秦桧的老婆王氏进宫，陪太后闲聊，听韦太后说："近日子鱼大者绝少。"老太后喜欢吃大子鱼，可是最近进贡上来的子鱼太小了，她老人家吃得不满意。王氏当即打保票说："妾家有之，当以百尾进。"

（《鹤林玉露》甲编）原来您想吃子鱼啊，那还不简单，我们家就有大的，明天给您送一百条过来。

王氏出宫回家，跟秦桧说了这事，满以为秦桧会夸她巴结太后巴结得好。哪知道秦桧脸都气黄了："你傻啊你，怎么能说咱家的子鱼比宫里的还大呢？宫里没有大子鱼，咱们家倒有，而且有一百条那么多，敢情咱们比皇上还要阔，这要是让皇上知道了还了得！"王氏慌了神："那可怎么办？我的话都说出去了，明天要是不给太后送一百条子鱼，岂不犯下欺君之罪？"秦桧拍拍脑袋，想出来一个绝妙的主意——第二天，他找来一百条青鱼，让老婆送到了宫里，还教导老婆说："你见了太后，就说这就是大个的子鱼。"

韦太后吃过见过，当然分得清子鱼和青鱼，她指着王氏的鼻子哈哈大笑："你说你们家有子鱼，我压根儿不信，原来你说的子鱼就是青鱼啊！"王氏红着脸叩头谢罪，连说自己愚蠢，没见过真正的子鱼长什么样，把太后蒙骗过去，一场危机就这样化解了。

现在问题来了：这则故事里的子鱼到底是一种什么鱼呢？

所谓子鱼，其实就是我们现在说的鲻鱼。鲻鱼跟青鱼很像，都是体形宽大、背青腹白，二者外观上的关键区别在于鱼眼：鲻鱼是黑眼圈，青鱼是红眼圈。另外青鱼很便宜，鲻鱼就贵得多了。您想啊，连太后都不能获得充足的常例供应，这种鱼肯定稀缺，它的价格肯定昂贵。

宋朝人王得臣《麈史》记载："闽中鲜食最珍者，所谓子鱼者也，长七八寸，阔二三寸，剖之，子满腹，冬月正其佳时。"

福建出产鲻鱼，到了冬天能长到七八寸长、两三寸宽，肚子里满是鱼卵，是当地最珍贵的食材。

我们知道，将鲻鱼卵取出漂净，加工成型，就是闻名天下的乌鱼子。现在乌鱼子假货太多，真空包装，颜色橙黄，好像用哈密瓜做成的瓜干，一包只卖几十元。假如是真的，那可贵了去了，巴掌大一小块，没一千块钱根本买不到。如果是顶级货，大概能卖上万元。

乌鱼子贵是贵了点儿，人家的味道确实好吃：片成薄片，用喷枪烤，用酒精烧，或者抹上米酒，搁平底锅里煎一煎，火候恰到好处，又软又糯又弹牙，入口即化，唇齿留香， 王德臣称之为“闽中鲜食最珍者”，真是一点儿都没有夸大。

不过现存的宋朝饮食典籍中并没有记载鲻鱼的烹调方法，我们不知道韦太后爱吃的究竟是鲻鱼的肉，还是鲻鱼的卵。如果她爱吃鲻鱼卵，我们也不能就此认为宋朝人已经掌握了加工乌鱼子的方法，因为鱼卵的吃法是有很多的，可以清蒸，可以煮汤，可以搭配鸡蛋爆炒，未必非要先加工成致密并且美观的乌鱼子，然后再拿喷枪来烤。

第五章

乡间素宴

二月二挖野菜

司马光讲过这么一段故事。

说是宋真宗晚年身体欠佳，百病缠身，不能正常上朝，好多军国重事得不到及时处理，朝廷上下怨声载道，大宋政权摇摇欲坠。

假如宋真宗是个好皇帝，他会主动退休，将大权交给年富力强的皇太子，自己退居幕后，安安生生养病，安安生生做太上皇。可惜他不是个好皇帝，他太恋权了，尽管他连批阅奏章的精力都没有了，但他仍然死死地攥着手里的玉玺，仍然牢牢地守着屁股下的宝座，丝毫没有禅位的打算。

一个大臣劝他禅位，被罢官。另一个大臣劝他禅位，被流放。文武百官噤若寒蝉，谁都不敢做仗马之鸣。这时候，宰相寇准站了出来。

寇准聪明，他知道直接劝谏没有效果，所以他走曲线救国的路线：用伪造的天书来诱导真宗退位。

寇准跟宋真宗最宠信的太监周怀政合伙谋划，假造了一份天书，天书上写着晦涩难懂的“预言”，大意是皇帝恋权则年岁不永，新君即位则福寿绵长。过了几天，周怀政在“无意”中“发

现”了这份天书，将其献给真宗皇帝。真宗非常迷信，一瞧天书上写的预言，当即就宣布说：为了大宋社稷，同时也为了寡人能多活几年，朕决定把皇位传给太子！

妙计奏效，寇准窃喜。

但是一个多月过去了，真宗还是没有退位，寇准急了，托周怀政打探消息。那天是农历二月初二，宋真宗上完早朝，用过早饭，让两个太监搀着，去后宫花园里看娘娘们挖野菜，周怀政认为机会来了，他跑到真宗跟前，扑通一声跪倒在地，直截了当地问：“皇上准备什么时候举行禅位大典？”真宗装聋作哑。周怀政又问了一遍，“皇上在一个月前已经宣布禅位，现在还没有行动，是不是想食言啊？”真宗恼羞成怒，指着周怀政的鼻子，一连串地质问道：“你一个太监，有什么资格过问国家大事？不怕朕砍了你的脑袋吗？你一再逼朕禅位，是不是看朕活不长了？你是不是觉得太子迟早会即位，你想抢到拥立的功劳？你脑子里难道全是功名富贵，就没有一点儿忠君之心吗？”

听到这么一大堆强词夺理的诛心之论，周怀政差点儿崩溃，他从地上拾起一把挖野菜的小刀，扒开自己的上衣，噗一下扎进去一寸来深，鲜血嗤嗤地喷射出来。宋真宗吓坏了，如果不是有两个太监扶着，他早瘫成一堆了，他连声问道：“你要干吗？你这是想干吗？”周怀政激动地说：“皇上怀疑我不忠，我要把心挖出来让皇上看！”宋真宗赶紧让侍卫把周怀政抬走包扎伤口，又喊太医给自己调治——经周怀政这么一吓，他的病情又重了几分。

这场风波过后不久，宋真宗就驾崩了。周怀政的伤情倒不算重，没有死，可是皇后和皇太后听说是他让宋真宗受了惊吓，立即以谋反的罪名杀了他。后来她们听说寇准跟周怀政有来往，于是又罢了寇准的官。

听完上述故事，细心的朋友可能会注意到两个细节：第一，宋真宗受惊吓那天是二月初二；第二，当时宋真宗正在后宫看娘娘们挖野菜。

现在问题来了：娘娘们锦衣玉食，要什么有什么，为什么要挖野菜呢？为什么偏偏在二月初二那天挖野菜呢？

答案很简单，二月二挖野菜是宋朝风俗，只要是到了二月二，无论官民，无论贫富，都要去挖野菜，连皇帝和皇后都不例外。宋真宗当时是有病了，弯不下腰去，否则他也会冲进挖野菜的大军，兴致勃勃地挖上一篮。

我从文献里统计过，宋朝人常挖的野菜约有五种：

第一种是荠菜。

苏东坡爱吃荠菜，他跟朋友写信说："今日食荠极美，天然之珍，虽不甘于五味，而有味外之美。"他很喜欢荠菜的味道（食荠极美），称其为"天然之珍"，意思是野生的珍味，这种珍味是如此独特，清鲜无比，以至于可以独立于酸、甜、苦、辣、咸等五味之外，单独成为第六味。

苏东坡还写到了荠菜的做法：把荠菜择洗干净，跟大米和生姜一块儿煮，同时在水面上放一个蚬壳，蚬壳里放一些菜油，小火焖煮，让菜油慢慢蒸发，慢慢融入汤羹，等蚬壳里的油干了，荠菜羹也好了。

我尝试过苏东坡的做法，感觉并不太好，倒不如先熬米粥，再放荠菜，放少许盐调味，最后洒两滴小磨油，更能突出荠菜的鲜味，而且还能保证荠菜的营养不会流失。

第二种是茵陈。

茵陈又叫白蒿，清肝明目，是中草药的一种，叶片碧绿，细碎如繁星，个头不高，刚开始匍匐在地，过了二月就变得细长，而且还会开花，一开花就苦得要命，不能吃了。宋朝长江以南，茵陈可能是人工种植的，到了江北就完全野生了。苏东坡的好朋友黄庭坚年轻时在开封做官，每年正月底和二月初都要去市郊挖茵陈吃，他非常喜欢这种野生的食材，常常让老婆用茵陈下面条，称之为“白蒿汤饼”。

茵陈做菜特别简单，最简单的方法是凉拌：弄一大筐茵陈，择洗干净，不用去白根儿，搁开水锅里分批断生，捞出来放凉，略微挤一挤，去掉多余的水分，切得细碎，用精盐和香油一拌，啧啧，真是妙不可言。茵陈有青草气，断生仍然去不掉，假如你不喜欢这种气味，凉拌的时候再放些米醋和味精，就只有其鲜而没有其青草气了。

我妈今年六十有四，老太太从饥饿时代过来，吃了半辈子茵陈，她偏爱用茵陈做蒸菜：茵陈淘净，不去根儿，不斩碎，拌少许面粉和碎馒头，放盐若干，浇香油若干（防止粘连），搓匀了，摊在锅箅上，大火猛蒸，十分钟出锅，再浇几滴香油拌一拌，盛到大盘子里，用小勺挖着吃，既能当菜，又能当主食。

第三种是枸杞。

枸杞的果实是药材，不是野菜，但枸杞的嫩苗却是宋朝人常吃的野菜。

诸位读者朋友想必都吃过荠菜，吃过茵陈的朋友应该也不少，但是有多少人吃过枸杞的嫩苗呢？我吃过，而且常吃，它的口感略微有些筋道，没茵陈滑，没荠菜鲜，却比茵陈和荠菜甜，所以在我的老家豫东农村，枸杞苗另有一个可爱的乳名：甜甜芽儿。

我们吃甜甜芽儿，吃法儿仍然简单，还是先焯水，后凉拌，比宋朝的吃法简单多了。宋朝有个陈达叟，写了一本《本心斋疏食谱》，其中歌颂枸杞道："丹食累累，绿苗菁菁，饵之羹之，心开目明。"枸杞果是红的，枸杞苗是绿的，果实可以入药，嫩苗可以烹饪，怎么烹饪呢？饵之羹之。饵之，指的是做饼；羹之，指的是做汤。据我猜想，宋朝人可能将枸杞苗切碎，或者做成菜汤，或者拌上食盐和面糊，摊成煎饼。

南宋养生手册《奉亲养老书》载有一种做法，是用枸杞苗煮粥：枸杞苗半斤，洗净切碎，配粳米二斤同煮，煮熟以后，用葱白、姜丝、食盐和香油调味。我照方抓药，感觉不错，熬出来的米粥又香又滑，白粥里点缀着细碎的青绿，卖相甚佳。

第四种是蒲公英。

蒲公英在宋朝俗称"救荒草"，说明在春天青黄不接的时候，老百姓会用它果腹。

北宋沈括有一表弟，名叫周清臣，写过一本《救荒谱》，罗列可供食用的各种野菜，开篇就是蒲公英。他说蒲公英"耐饥益气，生嚼无草气"，这是经验之谈。确实，食用蒲公英之前无须焯水断生，用盐拌一拌，直接就能吃，没有一点草腥气。

我说蒲公英没有草腥气，指的是它的嫩苗，等它开了花就不

行了，叶子变得很苦，茎秆变得很涩，即使焯水也难以下咽。所以要吃蒲公英，最好在农历二月开吃，那时候北方平原上的蒲公英还没有开花。

第五种是苣荬。

跟以上四种野菜不一样，苣荬的味道非常苦，从一出苗就是苦的，焯过水仍然很苦，所以宋朝人叫它“苦荬”，现代人则叫它“苦苣菜”，在我的老家又被讹称为“蛐蛐菜”。事实上这种野菜的样子一点儿都不像蛐蛐。

苣荬虽苦，却适合煨肉。当年司马光回陕西讲学，陕西父老用瓦盆盛苣荬给他吃，其做法就是先用滚水断生，略略减去苦味，再用肥肉煨煮。苣荬去腻，肥肉去苦，两种食材相生相克，刚好可以做出一道风味绝佳的好菜。

东坡羹

孩子放暑假，带他去山东济宁玩了两天。

我带儿子品尝当地小吃，小家伙指着胡辣汤说："这个咱开封就有。"又指着里脊夹馍说，"这个我也吃过。"搞得负责接待的哥们儿很没面子。最后上了一道糁汤，每人一大碗，他又嫌辣，喝了一小口就不喝了，专捞汤里的羊肉吃。一碗糁汤无非就那么几粒羊肉丁而已，所以我儿子非常没素质地评价道："肉太少了。"为了教育他，同时也为了避免浪费，我咕嘟咕嘟喝完了他那碗糁汤。

那道糁汤其实是很好喝的，卖相也很好看。里面有豆腐，雪白粉嫩的水豆腐，片成细细的薄片，吃起来滑滑的。汤是用羊骨和鸡茸熬出来的高汤，汤色微黄，漂浮着几粒肉丁，再撒上一小把切得细碎的荠菜。荠菜很鲜，豆腐很嫩，绿白相间，完全可以勾起食欲。最有特色的是，汤里还有麦仁，也就是捣去硬壳的麦粒。我不知道这些麦粒是直接放在汤里煮熟的，还是先煮熟然后再放进汤里的，反正软软黏黏的，口感很Q，让人联想起台湾珍珠奶茶里那些可爱的小粉圆。儿子之所以不喜欢这道汤，应该是因为放了太多胡椒粉，跟他缺乏历练的味觉相抵触。其实我们河南老家的胡辣汤也放有大量胡椒粉，而且麻辣味比之济宁糁汤还要刺激。

糁汤并非济宁独有，山东另一座城市临沂也出产糁汤，同样是在高汤里放一些蔬菜和谷粒同炖，粮食或为麦仁，或为米粒，或为谷子，或为打碎的玉米。从名气或者宣传力度上看，临沂糁汤或许更有名一些。我看网传的一些宣传资料，有人将临沂糁汤的起源演绎成一个传说：说是乾隆皇帝下江南，路过临沂，尝到一碗当时还没有名字的糁汤，味道超赞，问地方官："这是啥？"地方官也不知道该怎么命名，随口答道："这是啥。"于是有了"啥汤"这个名字。"啥"字太俗，于是又有文人将其音译成了"糁汤"——按临沂方言，"糁"跟"啥"发音是相同的。

为了宣传某种小吃，人们往往会编造一些传说，一是增强它的历史感，二是渲染它的神秘感。这种恶俗的做法由来已久，俯拾皆是，在我神州大地，几乎每一个地方都能撞到，想躲都躲不开，照理说是不应该较真的。但是如果较起真来，那么我们要说一句：糁汤的历史绝对要比乾隆下江南早得多得多。

《礼记·内则》记载周天子八珍的做法，其中就有糁汤："糁，取牛羊豕之肉，三如一，小切之，与稻米二，肉一，合以为饵煎之。"牛羊肉或猪肉切碎，与双倍的稻米同煮，这跟现在的糁汤几乎没有什么区别。《礼记》成书于汉代，说明至少在汉代就已经有了糁汤。

"糁"这个字本来的意思是把粮食弄碎，撒到菜羹里去，所以古代糁汤里面不一定非要有肉。同样是成书于汉代的《说苑》

记载孔子困于陈蔡时的窘境："居环堵之内，席三经之席，七日不食，藜羹不糁，弟子皆有饥色。"孔子师徒住很小的房子，铺很小的席子，连续七天吃不到主食，靠"不糁"的"藜羹"果腹，弟子们都饿坏了。藜即藜草，在我豫东老家俗称"灰灰菜"，叶片很大，绿中透红，可以吃，但又不经吃，淘好一大盆，一煮就剩一小团，小时候我妈给我煮灰灰菜汤，是一定要加进去大把粉丝的。孔子师徒没饭吃，纯用灰灰菜煮汤，不糁，也就是没有粮食可以弄碎了放进汤里，自然要挨饿。那时候如果端一碗不但有粮而且有肉的现代版糁汤送给孔子，老人家一定开心地叫起来："啊哈，有糁自远方来，不亦乐乎！"

孔子"藜羹不糁"的典故经常被后世文人引用，例如宋朝的陆游就在诗作引用过很多次。其《考古》篇写道："莫报乾坤施，空惊岁月迁。藜羹安用糁，吾事本萧然。"不要担心时光流逝，不用担心钱包变瘪，有一碗灰灰菜汤就满足了，何必再往菜汤里放谷粒呢？其《放翁自赞》写道："皮葛其衣，巢穴其居。烹不糁之藜羹，驾秃尾之草驴。"穿麻布，住巢穴，吃没有谷粒的菜汤，骑没有尾巴的草驴。

乍一听，陆游安贫乐道，乐天知命，不糁之汤成了他的精神象征。事实上，只要是活人，就一定向往更加富足的生活，没有谁可以真正幸福地安贫下去。陆游也曾经像陶渊明一样辞官隐居，但是不到两年就过上了坐吃山空的苦日子，赶紧跟周必大、虞允文等大佬写信求饶，请求重新安排工作（即便是陶渊明，也做过同样的事情）。他另一首诗《夏夜》暴露了这一点："藜羹加糁美，黍酒带醅浑。稚子能勤学，灯前与细论。"你瞧，跟不

加谷粒的灰灰菜汤比起来，还是加了谷粒的糁汤更美啊！

据陆游说，他最喜欢的糁汤是“荠糁”，也就是用荠菜和谷粒煮成的糁汤。有多喜欢呢？“荠糁芳甘妙绝伦，啜来恍若在峨岷。莼羹下豉知难敌，牛乳抨酥亦未珍。”尝一口这样的糁汤，恍惚回到了峨眉山上，古籍里描述的什么千里莼羹，什么牛乳抨酥，统统白给。为什么要说恍惚回到峨眉山上呢？因为这道荠菜糁汤是苏东坡发明的，而苏东坡老家离峨眉山不远，所以当陆游尝到荠菜糁汤的时候，就仿佛东坡附体了一样。

苏东坡确实发明过荠菜糁汤，名曰“东坡羹”。《三苏全书》有一篇《东坡羹颂》，还有一篇《菜羹赋并序》，全是他叙述并赞颂东坡糁的作品。我们只抄录其做法如下：

> 东坡羹，盖东坡居士所煮菜羹也，不用鱼肉五味，有自然之甘。其法以菘，若蔓菁，若芦菔，若荠，揉洗数过，去辛苦汁。先以生油少许，涂釜缘及一瓷碗。下菜沸汤中，入生米为糁，及少生姜，以油碗覆之。不可遽覆，须生菜气出尽乃覆之。羹每沸涌，遇油辄下，又为碗所压，故终不得上。不尔，羹上薄饭，则气不得达而饭不熟矣。饭熟，羹亦烂可食。若无菜，用瓜茄，皆切破，不揉洗入腌，熟赤豆与粳米半为糁，余如煮菜法。

做东坡羹不需要肉，不需要调味料，以白菜、蔓菁、萝卜、荠菜等蔬菜为主料，淘洗干净，下锅煮汤。下锅前，在锅的边沿和一只瓷碗的碗底涂抹少许油。锅里添水，将水烧沸，然后下入蔬菜、米粒、姜丝。待蔬菜煮熟，将抹了油的那只瓷碗倒扣在锅底。米菜同煮，本易沸溢，现在锅边有油，碗底有油，沸沫遇油则止，可以防止沸溢。待米粒也煮熟以后，糁汤即成。如果没有萝卜、白菜、蔓菁和荠菜，用菜瓜和茄子也行，只切开，不腌渍，用煮熟的赤豆和粳米为糁。

说穿了，古人所谓糁汤，实际上就是菜羹与稀粥的混合体，苏东坡版的糁汤亦然，只不过他不炒不腌，汤色与汤味或许更为自然。当然，他提前在锅边和碗底涂油的方法也值得点赞。以前我煮小米粥，只懂得小火慢熬，以及在锅心滴两滴香油，自从读了《菜羹赋并序》，才学会在锅边涂油，照此试验，防溢效果甚佳。

我曾经询问济宁的朋友，得知当地除了有加了羊肉的糁汤，也有加了牛肉或猪肉的糁汤，甚至还有不加肉的素糁汤。据我看，素糁汤比肉糁汤更接近糁汤的历史原型。东坡羹就是素糁汤的历史原型：无鱼无肉，不炒不腌，白水煮菜加煮粥，粥可果腹，菜可佐粥，既俭省又健康。

不怕诸位笑话，在东坡羹的基础上，我发明了一种更为简单更为俭省的糁汤。比如说早上煮的粥没喝完，倒掉可惜，如果不倒掉，下次再加热又会变澥，很难喝，怎么办呢？最好的解决办法就是废物利用，做成糁汤：烧沸小半锅水，放几根青菜，再把剩粥倒进去，用勺子搅开，盖严再煮沸，滴两滴香油，浇一勺生抽或者耗油，盛到碗里，绿白可爱，鲜香可口。

朱熹的茄子

要说朱熹，那可是大腕——人家是诗人、哲学家、理学大师，给宋朝皇帝上过课，还间接地给后来的明清皇帝上过课。他亲手编订并注释的四书在元明清三朝成了科举考试的法定读本。他的道德观念和思辨方式在中国产生巨大影响，同时也影响到了中国周边的国家，例如日本和韩国。现在韩国的千元纸币和五千元纸币上面分别印着两位韩国人的头像，一位李滉，一位李珥，都是朱熹的私淑弟子。

令人感到意外的是，如此闪亮的一位大腕，在私生活上却抠得很。

朱熹在武夷山上办书院，一位穷学生得了重病，没钱医治，请朱熹帮忙，朱熹却把这个学生推给好朋友辛弃疾。众所周知，辛弃疾是豪放派词人的代表，词风大气，做人更大气，二话不说，立马掏出一大笔钱来帮人看病。

当然，老师只有教育学生的责任，没有救济学生的义务，朱熹不想资助患病学生，于情于理不算过分，可是他对待亲戚朋友竟然也很抠门儿。抠门儿到什么程度呢？再容我举个例子。

宋光宗绍熙四年（1193），一位名叫胡纮的朋友去武夷山上拜访朱熹，您猜朱熹是怎么招待的？不买酒不割肉，“惟脱粟饭，至茄熟，则用醯浸三四枚共食。”（《四朝闻见录》卷一）主食是脱粟饭，下饭菜是蒸茄子蘸醋。

“粟”即谷子，“脱粟”即去掉谷壳的谷子，在我们河南俗称“小米”。它是宋金时期河套地区老百姓的食物，南方人一向不吃，嫌它口感粗涩。记得在宋高宗绍兴年间，金兵奔袭江南，被宋军击退，临走时“遗弃粟米如山积”（《三朝北盟会编》卷二百四十六），丢下一大堆小米。而宋军“多福建江浙人，不能食粟，因此日有死者”（同上），宁可饿死都不吃这种粗粮。朱熹倒好，用士兵饿死都不吃的小米“款待”胡纮，并且让胡纮吃一道非常简单非常粗陋的菜：蒸茄子蘸醋。您说老胡能不生气吗？

胡纮吃得满肚子怨气，临走时对朱熹的学生说：“此非人情，只鸡、樽酒，山中未为乏也。”（《四朝闻见录》卷一）这哪叫待客啊？就算山上没有好酒好菜，给我来一只鸡和一坛酒总可以吧？学生们劝他息怒：算了算了，我们朱老师就这个脾气，他节俭惯了，平日里让我们吃的饭菜也是小米饭和蒸茄子，并不是特意怠慢您。

若干年后，胡纮中了进士，当了御史，开始批斗朱熹。怎么批斗呢？假如他说朱熹用小米和蒸茄子待客，肯定拿不出台面。所以他就造朱熹的谣，说朱熹不孝，田里产下新米，不让自己的亲娘吃，却让老太太吃长了毛的陈米。在他的鼓动下，朱熹被批倒批臭，朱熹的理学也被朝廷斥为“伪学”，此后很多年都没能翻身。

这个故事告诉我们，一个人对自己抠门儿并不为过，但是对朋友抠门儿就有些危险了。

不过我想，胡纮之所以生朱熹的气，可能并不全是因为朱熹小气，还有可能因为朱熹端出来的饭菜太难吃。

小米倒无所谓，南方人不吃，北方人爱吃。按照我的胃口，无论蒸熟的小米饭，还是熬煮的小米粥，都很香嘛！蒸茄子也说得过去，我妈就爱吃蒸茄子：又大又紫的茄子，圆鼓鼓的，油亮亮的，冲洗干净，不去蒂，不去皮，直接放到笼屉里蒸，蒸熟以后，取出放凉，噼里啪啦切成丝，撮到碗里，撒点儿盐，浇点儿醋，拌上一勺大蒜泥，最后滴上两滴小磨油，用筷子一拌，嗯，浓浓的茄香中藏着一丝天然的甜味儿，好吃。

可朱熹是怎么蒸茄子的呢？“至茄熟，则用醢浸三四枚共食。”也不知道他蒸的是圆茄子还是长茄子，是紫茄子还是绿茄子，反正不改刀不放盐，也不拌蒜泥和香油，拎起茄子往醋里蘸一蘸，居然就开始吃了。那是茄子，不是饺子，怎么能这样吃呢？甭说胡纮，换成你我也受不了啊！

宋朝还有一位用茄子待客的历史名人，名叫郑侠，就是王安石变法那会儿开历史倒车，画了一幅《流民图》去宋神宗那儿告王安石的刁状，结果导致变法流产的那个小官。

郑侠官阶不高，思想守旧，但人品还是顶呱呱的。他从不贪污，从不腐败，从不走后门，从不拍马屁，所以没有政治前途，告过王安石的状没多久，他就被宋神宗流放了。再后来神宗驾崩，哲宗即位，太皇太后垂帘听政，想让他继续做官，又被执政大臣否决，只好卷铺盖回老家，当了老百姓。

郑侠是福建人，跟朱熹同乡。由于他一辈子没当过大官，又不贪污，所以没有积蓄。可是他又特别爱热闹，喜欢朋友陪他下围棋。他的孙子郑嘉正跟陆游是好朋友，向陆游讲过此公嗜好："好强客弈棋，有辞不能者，则留使旁观，而自以左右手对局，左白右黑，精思如真敌。白胜，则左手斟酒，右手引满，黑胜反是。"（《渭南文集》卷二十四）朋友不跟他下围棋，他就自己跟自己下，左手执白，右手执黑，像老顽童周伯通一样左右互搏。如果左手赢了，就用左手倒酒，右手端起来喝；如果右手赢了，就用右手倒酒，左手端起来喝。你瞧，这是一个很会自得其乐的老头。

下围棋是很耗时间的，一局终了，饭时已到，他得管饭对不对？可他又没钱，所以饭菜就比较简单："客至，介老必与饮，多不过五爵，食皆瓜茄而已。"（《调燮录》卷中）朋友来家，郑介老（郑侠字介夫，故尊称"介老"）一定陪着喝酒，但最多不超过五杯，下酒菜全是梢瓜和茄子之类的便宜菜。

同样是用茄子待客，郑侠的结局却跟朱熹截然相反。朱熹到死也没有摘掉"伪学"的帽子，去世之时乏人吊唁，因为大家怕受牵连，只有辛弃疾胆大如斗，去灵堂上献了一副挽联。郑侠呢？从献《流民图》一直到去世，从来没人讲他的坏话，越是到晚年，老头的名声越响亮。说到这里我们不禁要问：这又是什么原因呢？

朱熹用茄子待客，那是出于小气；郑侠用茄子待客，那是因为没钱。朱熹晚年被舆论围攻，或许是因为他骨子里确实有虚伪和假道学的成分；郑侠始终盛名不衰，或许是因为他真情率性，

表里如一，兼没什么大理想大抱负，对他人构不成威胁。

但我还觉得，这当中未必没有这种可能：朱熹不会烹调，茄子做得难吃，而郑侠擅长烹调，能把平平常常的茄子做出很多花样来，可以从肠胃上征服客人，不至于被人家记仇。当然，我这种推理很不靠谱，完全是以吃货之心度君子之腹，读者朋友听了会笑掉大牙的。

为了弥补推理上的不足，请允许我从宋人文献中抄录几条做茄子的食谱，以飨读者。

食谱一，淡茄干方："用大茄洗净，锅内煮过，不要见水。掰开，用石压干。趁日色晴，先把瓦晒热，摊茄子于瓦上，以干为度。藏至正二月内，和物匀，食其味如新茄之味。"新摘的大茄子，洗净，煮熟，搌干，一掰两半，用石板压去水分。找几块瓦片，趁着大太阳天儿把瓦晒热，再把茄子摊到瓦片上暴晒，晒成茄干，可以保存到来年二月。什么时候想吃，清水泡透，作料拌匀，味道不输于鲜茄子。

食谱二，糖醋茄："取新嫩茄，切三角块，沸汤漉过，布包榨干，盐腌一宿。晒干，用姜丝、紫苏拌匀，煎滚糖醋泼浸，收入瓷器内。"将嫩茄子切成三角块，用滚水焯一下，细布包紧，攥出水分，盐腌一夜，晒干，用姜丝和紫苏拌匀。然后呢？醋里放糖，用小锅煎到沸腾，趁热泼到茄干上，用瓷器贮藏。

食谱三，糖蒸茄："牛奶茄嫩而大者，不去蒂，直切成六棱。每五斤用盐一两，拌匀，下汤焯，令变色，沥干。用薄荷、茴香末夹在内，砂糖三斤，醋半盅，浸三宿，晒干，还卤。直至卤尽茄干，压扁，收藏之。"又大又圆的鲜茄子，不去蒂，切成六瓣，注意不要切断。每五斤茄子撒一两盐，焯至茄子变色，捞出沥干。将薄荷叶和茴香粉撒到茄子瓣里，再放在糖醋之中浸泡三天三夜。再捞出晒干，回锅煮熟，煮时加料汁。料汁收净后，起锅，压扁，贮藏起来。

食谱四，鹌鹑茄："拣嫩茄，切作细缕，沸汤焯过，控干。用盐、酱、花椒、莳萝、茴香、甘草、陈皮、杏仁、红豆研细末，拌匀，晒干，蒸过收之。用时以滚汤泡软，蘸香油炸之。"茄子切丝，焯水，用多种作料拌匀，晒干，蒸透。客人到家，将干茄丝泡软，在香油锅里炸熟，味美如炸鹌鹑。

以上食谱均抄自《吴氏中馈录》，有兴趣的读者可以一试。

榆树宴

宋高宗建炎四年（1130），金兵围攻徐州。围城之前，老百姓能逃的都逃了，城里只剩下八千人，多半是兵，两千官兵，五千民兵，一千老百姓。金兵人多，宋兵人少，宋兵不敢出战，四门紧闭，吊桥高锁，眼巴巴地等着朝廷发兵来救。

一天过去了，两天过去了，救兵迟迟不到，守城的军民坐吃山空，仓库里的粮食快吃光了，墙角旮旯生长的野菜也快吃光了，还是没有等到救兵。大家饿急了眼，开始争抢食物，人性中恶的一面表现得淋漓尽致：官兵抢民兵的口粮，民兵抢百姓的口粮，百姓手无寸铁，人数又少，哪里抢得过啊？于是打开城门向金兵投降，金兵乘虚而入，徐州城就这样沦陷了。

史书上描写了徐州沦陷前夕的食物短缺程度："城中绝粮，至食草木，有屑榆皮而食者。"（《建炎以来系年要录》卷三十七）粮食和野菜都吃光了，开始有人吃榆树皮，把榆树皮磨成粉，当粮食吃。

吃榆树皮并不稀罕，我爸我妈都吃过。听我爸说，20世纪60年代，我们族里上百口人，除了小孩，差不多都吃过榆树皮。怎么吃呢？把榆树皮剥下来，砸掉外面的老皮，刮掉里面的苦皮，留下中间那层嫩皮，撕成长条，搁锅里煮熟，盛到碗里，慢慢放凉，然后再用筷子挑着往嘴里送，哧溜一口，哧溜一口，跟吃川粉一样。我爸说，榆皮煮熟后不苦，但是很韧，嚼不碎，只能拼命往下咽，小孩食道细，可能会被噎死，所以不能让小孩吃。我爸还说，榆皮散热慢，比过桥米线散热都慢，你瞧着不冒热气了，心急去吃，能烫掉舌头，煮熟的榆皮又很黏，想吐都吐不出来，我们村有个老头就是吃榆皮烫死的。

南宋徐州军民吃榆皮比较有耐心，如前所述，他们先把榆皮磨成粉，这可就费功夫了。明朝徐光启《农政全书》记载了这种吃法："榆皮刮去其上干燥皴涩者，取中间软嫩皮，锉碎晒干，炒焙极干，捣磨为面，拌糠面、草末蒸食。"将皴皮和苦皮去掉，中间的嫩皮用锉刀锉碎，先晒干，再烘焙，等没有一点儿水分了，磨成榆皮粉，拌上糠皮和草粉一起蒸熟。

榆树皮中间的那层嫩皮叫作"榆白皮"，它除了能充饥，还能治病，主治小便不通，又有消毒和治疗失眠的功效，所以可以做成保健食品。当然，榆皮毕竟干涩难咽，除非饿极了，否则谁也不愿意去吃它。

聪明的宋朝人为了充分利用榆皮的功效，将它熬成汤汁，并用这种汤汁来煮面。南宋养生指南《奉亲养老书》里有一道榆皮索饼方，抄录如下：

榆皮二两，细切，用水三升，煮取一升半汁；白面六两，上溲面作之，于榆汁拌煮；下五味、葱、椒，空心食之。常三五服，极利水道。

榆树的嫩皮来二两（南宋一两是四十克），切得细碎，用三升水（南宋一升约为六百毫升）来煮，多煮一会儿，煮到锅里的水只剩一半了，把榆皮滤掉，只留汤汁；小麦面粉来六两，用刚才熬出来的榆皮汤和面，做成索饼；再把剩下的榆皮汤烧开，将索饼下进去，煮熟捞出，拌上油盐酱醋，拌上葱花和花椒，空腹吃完。像这样连续吃上三五回，有助于改善泌尿系统。

这帖榆皮索饼方属于食疗方，不再像饥饿时代那样让人吃树皮，而是把树皮里对人体有益的汁液提炼出来，添加到面粉里，做成索饼让人吃。

索饼是什么东西呢？有些学者一知半解，以为索饼等于面条。索饼当然是面条，但它是最原始的面条，它既不是抻成的拉面，也不是擀成的切面，更不是削成的刀削面，它的做法非常粗放：将面粉和成面团，揪成面段，然后将面段掐断，搓细，搓成半尺来长、半指来粗的小圆柱就行了。这种简陋面条本是中亚游牧民族的主食，汉朝以后传入中原，在魏晋南北朝和隋唐时期曾经非常盛行，到了宋朝，由于擀切法横空出世，更筋道更光滑更圆润更细腻的现代面条出现了，索饼一瞧不是对手，灰头土脸地退居幕后，如今只在极少数牧区才能见到它的前尘旧影。

聪明的读者朋友要质问了：既然索饼在宋朝已经退居幕后，为啥当时的养生指南《奉亲养老书》里又出现榆皮索饼了呢？

其实宋朝的面条像今天一样多样化，既有擀切而成的手擀面，又有抻拽而成的烩面（宋朝叫“水滑面”），还有按压而成的馎饦（类似西北面食“猫耳朵”），同时还有用模具加工的花样面条（如梅花状的“梅花汤饼”、荷花状的“荷花汤饼”）。

在以上种种面条当中，手擀面稳居首席，在北宋中原和南宋淮南占下大半江山，其他面条则是见缝插针并茁壮成长，包括老派的索饼，偶尔也能在餐桌上回光返照一两回。

更重要的是，用榆皮汁液和成的面团只能做成索饼，因为榆汁很黏，硬要擀切的话，面团会牢牢粘住擀面杖，故此最好用手蘸水来搓。

在伟大的吃货眼里，榆树一身都是宝，榆皮可以吃，榆叶可以吃，榆钱可以吃，连榆树的种子都可以吃。民国园艺家黄岳渊赞美榆树："可煮羹、蒸糕、拌面，又可酿酒、造酱。"它能煮成菜汤，能蒸成糕点，能制成面食，还能拿来酿酒和做酱，一棵普普通通的榆树，简直能做成一席颇有特色的榆树宴了。

苦聪人传下来一首古老的歌谣，翻成汉语是这样的：

> 地下长着的是菜，地上长着的是菜，春天的花蕊是菜，夏天的绿叶是菜，秋天的果实还是菜，动就是肉，绿就是菜。

言外之意，凡动物都是肉，凡植物都是菜，动植物身上的每一个部分都能成为人类的食材。我觉得这首歌拿来形容榆树是再合适不过的了。

榆树皮做面食，前面已经讲过，下面我们谈谈怎样用榆树的其他部分制作美食。

榆树的嫩叶适合炖汤。比如说您炖排骨，出锅前十分钟放一把榆树叶进去，既能提鲜，又能去腻，还能让汤色显得好看。

榆树的翅果适合蒸糕。榆树的翅果就是榆钱，农历三月初，榆钱刚长出，吃起来很甜，爬到树上捋一筐，淘净控水，拌少量米粉，撒半斤白糖，来点儿香油，搓匀，按紧，铺到锅篦上蒸熟，切成麻将块，榆钱糕就做成了，翠绿色，半透明，如果放到冰箱里冻一冻，尤其好看。

还是那筐榆钱，淘净控水，拌少量面粉，撒上盐，来点儿香油，搓匀了，打散了，摊到锅篦上蒸熟，无须改刀，即成榆钱饭。跟榆钱糕比起来，榆钱饭品相不佳，但口味一流，我觉得榆钱特有的鲜味是必须靠食盐才能激发出来的。

仍然是那筐榆钱，淘净控水，多拌面，少放盐，捏成窝头，蒸熟了蘸着黄豆酱吃，能从舌尖鲜到你的脚后跟。榆钱窝头是我的最爱，每年二月下旬和三月上旬必吃十几回，直到榆钱老了，不适合吃了，才恋恋不舍地罢休。

其实榆钱老了也能吃，不过那时候吃的已经不是榆树的翅果，而是翅果里面的种子了。

榆钱在枝头待的时间很短，最多一个月，它就会发黄，变干，暖风吹过，纷纷飘落，落到地上，扫起来，剥开两翅，能看见很小的种子，灰褐色，形状不规则，乍一瞧好像老鼠屎。就是这种像老鼠屎一样的榆树种子，在宋朝曾经备受宠爱，人们除了用它入药，还用它酿酒和做酱。

榆树的种子怎么能酿酒和做酱呢？

北宋苏颂编写《本草图经》，写到了用榆仁酿酒的方子。榆钱飘落以后，搜集起来继续摊晒，晒到极干，用手一搓，翅膀就碎了，再用风一吹，种子就留下来了。将种子淘净晒干，舂成粉末，与大米同蒸，然后摊凉、拌曲、封缸、发酵、加水、过滤，得到的酒液就是榆仁酒。这种酿酒工艺在今天还有遗留，据说已经被列入非物质文化遗产名录。

宋朝人还学会了用榆仁来做榆仁酱，方法如下：

榆仁十斤，淘洗干净，用清水浸泡两天两夜（或者小火慢煮一个时辰）。泡软以后，使劲搓洗，将外面的硬皮搓掉，捞出来控水。

辣蓼草一小把，煮半个时辰，熬成一碗蓼汁。把蓼汁洒到榆仁里，搅拌均匀，摊开晒干。晒干以后，再熬一碗蓼汁，再拌入榆仁，再摊开晒干……如此这般连续十次，保证每一粒榆仁里都被蓼汁浸透。

面粉六斤，与榆仁一起拌匀，上笼蒸熟，摊放在露天而且干燥的地方，盖上稻草或者大麻叶，直到榆仁上长出一层薄薄的黄衣。

洗去黄衣，捣碎榆仁，加入四斤细盐、十六斤清水，搅拌均匀，封缸保存。五十天以后开缸，榆仁酱做好了，酱香内敛，非常下饭。

槐树宴

年年过初夏，年年吃槐花。

春夏之交，豫东平原上的槐树刚刚吐蕊，花苞很小，又白又嫩，一串串挂在枝头，在黄黄绿绿的槐叶丛中若隐若现，凑近了瞧，每一粒花苞都跟古代少女裹的小脚似的——这个比方比较变态，但是槐蕊的形状确实像极了小脚。我曾经从网上下载旧时女子缠足的照片，用photoshop把小脚部分抠出来，再缩小十倍，跟尚未绽放的槐花作对比，越对比越觉得像。不光我觉得像，我媳妇也这样认为，所以她管槐蕊叫作“槐脚儿”。

找一架竹梯，爬到槐树上，把槐脚儿捋下来，捋到柳筐里，洗干净，加盐，撒面，磕俩鸡蛋，拌匀了，摊成薄饼，用平底锅来煎。煎的时候多放油，火要小，多煎一会儿，把底面煎黄，翻一下锅，再煎另一面，煎得槐脚儿吱吱作响，一股股白气裹着鲜香直蹿鼻梁。

槐脚儿煎饼，简称“槐饼”。槐饼可以直接吃，也可以再回锅继续加工。比如说，您把刚才煎好的槐饼切成菱形块，配青菜同炒，青菜翠绿，槐饼金黄，黄绿相间，又香又鲜。或者把槐饼撕成小片，用淀粉勾薄芡，锅里少放油，先用胡椒炝一下锅，完了把胡椒铲出来，倒入槐饼，翻炒两三下，再倒入芡汁，浇上米醋，盖上锅盖，改小火焖一会儿，停火出锅，盛到白瓷盘里，汤汁明亮，槐饼有鲫鱼的味道。

槐脚儿适合煎着吃，也适合蒸着吃，甚至还能做成沙拉。

蒸比煎更简单。槐脚儿淘净，控干水分，加盐，稍微撒上一些面粉和一点儿玉米粉，再滴上两滴小磨油，拌匀了，摊到锅篦上，大火猛蒸，最多十分钟就可以起锅。蒸熟的槐脚儿仍然洁白鲜嫩，不怎么香，但是很鲜很甜，比起油煎的槐花饼来，它保留了更多的鲜味儿。

槐脚儿可以生吃，但是略微有那么一点点生草气，胃口弱的人可能不喜欢，要想去掉生草气，还得在滚水里焯一下。焯水要匀，时间要短，用大笊篱盛着入锅，在咕嘟嘟翻滚的开水里稍微晃那么三四下，赶紧捞出过水，最后把水挤掉，放到沙拉盆里打散，浇上小半碗料汁，是一道很爽口的下酒菜。

我爱吃槐饼，也爱吃蒸槐花和槐花沙拉，而且我觉得这三样佳肴都可以下酒。槐饼是浓香型，适合佐白酒；蒸槐花是清香型，适合佐黄酒；槐花沙拉鲜甜爽口，适合佐啤酒。

槐脚儿很鲜嫩很好吃，蒸煎凉拌都相宜，可惜它作为花苞的时间非常短，三天不到就绽放了，五天不到就完全绽放了，然后最多再过半个月时间，完全绽放的槐花就会变干变黄，从枝头上飘落下来，零落成泥碾作尘，不能吃了。好在绽放了的槐花也能吃，只要它还没有落地，就可以做我们的口中食。

根据我的经验，绽放了的槐花口感变硬，鲜味变淡，只适合煎成饼，不适合清蒸和凉拌。煎槐脚儿可以少放面，只要能保证煎饼成型，翻锅的时候不至于散开，面放得越少，越能突出槐脚儿的鲜味。但是当它绽放以后再煎，就必须多放面粉了，最好再掺点儿黄豆粉，不然煎不成型，一翻动就烂了，既难看，又不容易煎匀，裸露在外的槐花都煎黑了，里面的槐花还没有煎熟。

我写上述文字的时候已经过了五一节，槐脚儿早就完全绽放了，为了能多吃一阵子，我把那些完全绽放的槐花捋下来晒干，晒了二十来斤。

晒槐花需要技巧，直接暴晒绝对不行，会生虫，甚至会在暴晒过程中烂掉。为了不让槐花烂掉，摊晒之前最好煮一煮，把槐花煮熟，摊凉，放到老式洗衣机的甩干桶里甩净水分。

煮熟的槐花白绿相间，非常好看，一晒就变得难看了。在这个季节，太阳地里晒槐花，最多三天就能晒干，第一天颜色变暗，第二天颜色变灰，第三天晒得又灰又黄，本来挺舒展的槐花缩成一团，跟得了绝症似的，要多丑有多丑。丑归丑，吃起来照样风味绝佳。比如说您想蒸一锅素包子，OK，先来二斤干槐花，用清水泡上，槐花慢慢地舒展开了，捞出来，握去水分，加盐加油加味精，简简单单调味，嗯，这种包子馅儿鲜甜爽口。

我是研究宋朝饮食的，根据我的考证，宋朝人应该不吃槐花。不信您去查查留存于世的宋朝饮食文献，不管是《吴氏中馈录》还是《山家清供》，不管是《东京梦华录》还是《武林旧事》，都没有提到跟槐花有关的美食。我曾经花费三年零四个月时间把《宋史》通读一遍，也没有见过关于食用槐花的记载。

槐花如此美味，宋朝人干吗不吃呢？我觉得跟槐树的品种有关系。我们现代人吃槐花，吃的全是洋槐花，不是国槐花，而宋朝恰恰只有国槐，没有洋槐。

洋槐又叫刺槐，国槐又叫家槐，这两种槐树的叶子长得差不多，只不过刺槐的枝条上有刺，家槐的枝条上无刺，刺槐的树皮又粗又皴，家槐的树皮相对光滑，刺槐一般开白花，家槐一般开黄花，刺槐的种子又小又扁，俗称“槐籽”，家槐的种子又大又圆，俗称“槐豆”。抛开这些形态上的区别不谈，从我们吃货的眼光来看，刺槐和家槐的最大不同就是一个能吃，一个不能吃：刺槐开的花无毒，可以食用；家槐开的花有微毒，不适合食用。

国槐是土著，中国自古就有，而刺槐却是新移民，它从海外抵达中国的时间还不到三百年。所以我认为宋朝人民真没福气，他们吃不到无毒的刺槐，只能跟有毒的国槐打交道。

说国槐有毒，仅指它的花，国槐的叶子仍然可以吃。南宋林洪在《山家清供》里写到一款“槐叶冷淘”，就是用槐叶做的。初夏时节，从国槐上采摘最嫩的叶片，先焯水，再捣碎，挤出碧绿的汁液，用来和面，做成面条。面条煮熟，过冷水，捞到盘子里，用酱做浇头，再撒几片焯过的槐叶做装饰。由于和面时掺了槐汁，所以面条是绿色的，所以这道面食在元朝人编写的生活指南《居家必用事类全集》中又被叫作“翠缕面”。

宋人食谱中还有一款“槐芽温淘”，也是用槐叶做的面食。何谓“槐芽”？国槐的嫩苗是也。深秋时节，搜集国槐的种子，晒干之后保存起来，来年春天与高粱同时播种，每两畦高粱当中插播一畦国槐，待槐苗长到一尺来长，掐掉树头，让它只发侧枝。高粱长得快，槐苗长得慢，高粱遮住了阳光，槐苗见不到太阳，叶片很嫩，枝条也很嫩，待侧枝长到半尺左右，一一剪下来，连枝带叶一起剁碎，捣成菜泥，拌以面粉，加盐若干，和成面团，饧一天，抻成拉面，煮熟，不过水，即成槐芽温淘。

曾有人问苏东坡："天底下什么东西好吃？"苏东坡一口气说了好几样："烂蒸同州羔，灌以杏酪，食之以匕不以箸；南都拨心面作槐芽温淘，糁以襄邑抹猪；炊共城香稻，荐以蒸子鹅。"（朱弁《曲洧旧闻》卷五）陕西渭南的蒸羊羔，浇上杏酪，甭用筷子夹，只用小勺子挖着吃；河南商丘的拨心面，做成槐芽温淘，用睢县红烧肉做浇头；将豫北辉县的香稻米蒸熟，配着蒸子鹅吃……

蒸子鹅、蒸羊羔、红烧肉、香稻米，个个是美味，而槐芽温淘能跻身其中，说明它的味道肯定也是一流的。

在饥饿时期，国槐的树皮也可以吃。北宋末年，金兵围攻开封，城中食物困乏，槐叶被捋光了，饥民开始吃槐皮。槐皮不同于榆皮，它太硬，煮不熟，嚼不烂，直接吃下去能把人噎死，所以需要晒干砸碎，磨成粗粉，掺着杂粮吃。

我吃过一回槐皮。2011年初春，我去豫北大伾山太平兴国寺小住，刚好当地搞庙会，山上山下人山人海，连寺庙门口都摆满了小吃摊，其中一个小摊上卖的是"槐皮饸饹"，据说小孩子吃了能祛除肚子里的蛔虫。我既好奇又馋嘴，买了一碗尝尝，一股浓浓的羊肉香，想象中槐皮的怪味丝毫没有。

这道小吃做法如下：

从国槐的枝条上剥取嫩皮，晒干，碾碎，磨成面，加盐，加水，掺入面粉和小米面，和成面团，把面团塞进饸饹床子，使劲一压，小指头粗细的圆柱状面条噗哒噗哒掉入开水锅，煮熟捞出，不过水，拌羊肉浇头。

绿豆粉丝

陈达叟，南宋人，他有一位老师，姓名失考，号“本心”，自称“本心翁”。

本心翁应该是个老头，很高雅的老头。为什么这样说呢？因为陈达叟描写这个老头的日常生活时，用了一段非常高雅的文字：

> 本心翁斋居宴坐，玩先天易，对博山炉，纸帐梅花，石鼎茶叶，自奉泊如也。客从方外来，竟日清言，各有饥色，呼山童，供蔬馔，客尝之，谓无人间烟火气。问食谱，因口授二十品，每品赞十六字。

本心翁清心寡欲，在家闲居，研习《易经》里的先天卦象，面对香炉上的缕缕青烟，纸屏风上画着梅花，石茶铫里煮着香茶，小日子过得淡泊而自在。有出家人来拜访他，两人谈玄论道，解经说禅，聊了一整天，都饿了。本心翁吩咐仆人下厨烧菜，用几道家常饭招待客人。客人赞不绝口，夸这些菜没有一点儿人间烟火气，简直就是神仙才能享用的美味，并向本心翁请教

做菜的秘诀。本心翁不藏私，口授了二十道食谱，每道食谱还加了十六个字的评语。

这个老头读着《易经》，品着香茗，心在六道之外，身在红尘之中，懂得怎么烧菜，还能用优美的文辞将烧菜的过程讲出来。如此高雅，如此博学，如此精致，如此好玩，活脱就是一个宋朝版的王世襄嘛！

现在让我们看看这位宋版王世襄都给客人口授了哪些食谱。

第一道，啜菽："菽，豆也，今豆腐条切淡煮，蘸以五味。"也就是说，第一道是五香豆腐干。

第二道，羹菜："凡畦蔬，根、叶、花、实皆可羹也。"菜畦里长的菜，无论是菜根、菜叶、菜花、菜实，只要能吃，都可以拿来煮成菜汤。这第二道，其实就是菜汤。

第三道，粉糍："粉米蒸成，加糖曰饴。"米粉加糖，做成糕点。

第四道，荐韭："四之日蚤，豳风祭韭。我思古人，如兰其臭。"文辞很典雅，还引用了《诗经》，但说穿了无非就是韭菜。

第五道，贻来："来，小麦也，今水引蝴蝶面。"水引蝴蝶面，应该是一种花式面条。

其余呢，第六道"玉延"即蜜汁山药，第七道"琼珠"即龙眼荔枝，第八道"玉砖"即烤馒头片，第九道"银齑"指的是腌菜，第十道"水团"指的是汤圆，第十一道"玉板"指竹笋，第十二道"雪藕"不必解释，第十三道"土酥"是萝卜羹，第十四道"炊栗"是蒸板栗，第十五道"煨芋"是烤芋头，第十六道

“采杞”是枸杞苗，第十七道“甘荠”是荠菜，第十八道“绿粉”是绿豆粉，第十九道“紫芝”是菌子，第二十道“白粲”是白米饭。

菜羹、米糕、韭菜、面条、五香豆干、蜜汁山药、烤馒头、烤芋头、绿豆粉、枸杞苗……这些食物都是很寻常的食物，本心翁所口授的做法也都是很寻常的做法。但是经陈达叟征引经典，形诸文字（一说是本心翁亲自撰写，陈达叟只负责编辑成册），本来很寻常的食物开始登堂入室，本来很寻常的做法变得古色古香。文人写吃，大抵如此，看上去妙笔生花，读上去脍炙人口，真的让他去做，或者真的按照他所描述的做法去做，往往不如受过训练的专业厨师。作为一个写吃的文人，我对此还是深有体会的。

实在讲，文人写吃的文学意义远大于实践意义，而古代文人写吃，其历史意义可能又大于文学意义。就拿本心翁口授的第十八道食谱“绿粉”来说吧，做法就八个字：“绿豆粉也，铺姜为羹。”绿豆粉若干，配上姜，做成汤。具体用多少绿豆粉？要配多少姜？姜是切片、切段、切丝还是切末？加盐还是加糖？做成甜汤还是咸汤？绿豆粉直接撒在锅里吗？需要先调糊吗？从这八个字上统统看不出来，所以这道食谱根本就没有实用价值。

但是在八个字的做法下面还有十六个字的评语：“碾破绿珠，撒成银缕，热蠲金石，清澈肺腑。”将绿豆磨成粉，做成粉丝，颇具清热解毒之功效。古代士人不懂现代医学，为了壮阳或益寿，乱服硫黄、雄黄、胎盘、石钟乳之类，一不小心吃错了药，上吐下泻，目眩头昏，赶紧来一碗绿豆汤，或者吃一盘绿豆粉丝，有助于解毒。您看，这十六字评语蛮押韵（按中古音，银缕的“缕”与肺腑的“腑”是押韵的），节奏铿锵有力，很有文学之美对吧？而我们还能从十六字当中读出古人服用丹药后用绿豆解毒，以及最迟在宋朝就已经出现绿豆粉丝的知识点，说明它的历史价值尤为重要。

有人说，“碾破绿珠，撒成银缕”是指加工绿豆芽，并非加工绿豆粉丝。这话不值一驳——如果是加工绿豆芽，干吗要“碾破”呢？绿豆碾破了还怎么发芽呢？这八个字分明是加工粉丝的过程：先将绿豆泡软，磨成浆，过滤，发酵，取粉，加水打匀，做成粉坯，然后把粉坯摁到钻有细孔的大瓢中，拍拍打打，让丝丝缕缕的条状物体落到沸水里凝固成型，再捞出来，冷冻，晾晒，抖散，打包，一束一束洁白如玉、晶莹剔透，堪称“银缕”，可以清热的绿豆粉丝就做成了。

绿豆粉是好东西，它富含直链淀粉，是做粉丝的最佳材料，同时还能加工成凉粉、粉皮和粉条。我在家做过绿豆凉粉：将绿豆泡软，用一台网购的廉价手磨慢慢去磨，磨成豆浆，用纱布滤去豆渣，将滤过渣的纯豆浆倒进盆里慢慢沉淀，上面是一层清水，盆底就是绿豆淀粉。倒去清水，取出淀粉，加凉水搅成稀糊糊，再把糊糊倒进已经烧开的水锅里，一边煮，一边快速搅动，锅里的糊糊会越来越稠。停火出锅，盛到盆里，让它自然冷却成形，就是一盆绿豆凉粉，你可以切片凉拌，或者加料翻炒，味道都蛮爽口。

绿豆粉皮也很好做。还是刚才通过磨浆、滤渣、沉淀等工序获得的绿豆淀粉，还加凉水搅成稀糊，舀一点放到一个大盘子里。这盘子越大越平越薄越好，如果家里有做肠粉的不锈钢大盘，可以拿来用。烧一大锅水，把大盘放到水里，轻轻捏住两边的盘沿儿均匀晃动，盘子里的绿豆糊很快就会变成一张又白又透明的粉皮。

绿豆粉条我没做过，见人家做过，看上去比做粉丝和粉皮还要简单得多。绿豆浆磨好，不用滤渣，不用沉淀，盛到一个仿佛给蛋糕拉花用的尖底纸杯里面，往抹了油的平底锅上一圈一圈地挤。绿豆浆流到锅面上，盖上锅盖，焖半分钟，完全凝固，用木铲一提一卷，全是香喷喷的绿豆粉条。

宋朝盛产绿豆，宋真宗还曾经派遣使者去印度求购绿豆良种，当时绿豆的吃法和加工方法应该是丰富多彩。北宋吕元明《岁时杂记》载："京人以绿豆粉为蝌蚪羹。"纯绿豆淀粉调成糊，用漏勺漏成半透明的面鱼儿，煮熟捞出，过水拔凉，盛到碗里，浇上高汤，配香菜，滴香油，再来一勺醋，爽口！宋朝风俗宝典《东京梦华录》与《梦粱录》中常见一种名为"兜子"的小吃，按《居家必用事类全集》中收录的兜子做法，做兜子必须用到绿豆粉皮：一张粉皮切成四片，分别铺到四个碗里，然后往碗里填馅儿，捏成烧卖，上笼蒸熟。南宋林洪《山家清供》写过一道"山海羹"，名曰羹汤，实际上是用羹汤将竹笋、蕨菜、鱼虾之类汆熟，拌以作料，做成蒸碗。蒸的时候，碗底铺一张粉皮，碗口盖一张粉皮，笋蕨鱼虾居中，出锅晶莹剔透，隔着粉皮可以看见里面的内容。我估计，做这道山海羹时用的粉皮很可能也是绿豆粉皮。宋朝没有红薯和玉米，不可能用红薯粉皮和玉米粉皮，而小麦淀粉做的粉皮没有绿豆粉皮透明，菜的品相会受到影响。

现在我们可以确信，宋朝人已经会用绿豆加工粉丝和粉皮，但是由于文献匮乏，暂时还不知道他们会不会加工绿豆粉条。其实他们会不会加工都无关紧要，我们会就行了。目前市面上假货泛滥，有些奸商从境外进货，用几分钱一斤的劣质木薯粉冒充几块钱一斤的绿豆粉，再加入明矾、明胶、硼砂和工业塑料来加工所谓的绿豆粉丝，为了保命起见，我们还是回到自给自足的自然状态，自己加工为妙。

宋菜为何少胡椒

陈亮是南宋豪放派词人，他的词格局宏大，气象万千，不在辛弃疾之下。可惜的是，他没有辛弃疾命好：辛弃疾飞黄腾达，官居一方诸侯，他却无官无职，到老只能做小小的通判，而且还没到任就死掉了。

陈亮之所以仕途坎坷，有两方面原因。

第一，他太狂，比辛弃疾都狂，醉了敢骂皇帝："醉中戏为大言，言涉犯上，……自以豪侠，屡遭大狱。"（《宋史》卷四百三十六《陈亮传》）不是辛弃疾救他，早死很多回了。

第二，他年轻时曾经牵涉一宗案子，有故意杀人的嫌疑。由于档案有污点，所以一有任命就被否决，怎么都过不去这个坎儿。

现在我们就来说说陈亮的那宗案子。

话说宋光宗绍熙元年（1190），陈亮在浙江老家参加宴会，乡亲们敬他是读书人，特意把胡椒面儿撒到他汤碗里——这可是当地农村招待贵客的礼节。陈亮懂得这个礼节，所以他连连感谢，三口两口就把胡椒汤喝完了。喝完酒，陈亮回家睡了一觉。还没睡醒呢，就被捕快按住，丁零当啷上了手铐脚镣。陈亮大怒，质问捕快为啥抓他。捕快说：“昨天你有没有跟×××、×××和×××在一起吃饭？”“有啊。”“为什么×××他们都中毒死了，就你一个人活着？难道不是你投毒害死的吗？”

就这样，陈亮蹲了大狱，一蹲就是三年，中间有两次差点儿被秋决，最后还是因为辛弃疾多方营救才保住小命。

这宗案子是疑案，自始至终没能告破。照常理推想，陈亮不可能是杀人凶手，因为宋朝民间跟今天一样流行共餐，席上众人吃的是同样的饭菜，陈亮如果在饭菜里下药，他自己也可能被毒死的，为什么一起吃饭的人都死了，就他安然无恙呢？难道他事先服了解药？好吧，就算是他投的毒，可他没有作案动机啊！他为什么要毒死那些拿他当贵客一样招待的老乡呢？

我觉得合理的解释可能是这样的：陈亮跟乡亲们喝酒那天，宴席上有些食材大概没有处理干净，或者说已经腐败变质了，结果导致了很严重的食物中毒，搞得宾客们一个个翘了辫子。为什么陈亮没有食物中毒呢？因为大伙在他的汤碗里撒了胡椒面儿，而胡椒是能解毒的。

关于乡亲们为陈亮撒胡椒那段，《宋史》是这样叙述的：“乡人会宴，末胡椒特置亮羹胾中，盖村俚敬待异礼也。”将胡椒捣成面儿，捏上一撮，撒进陈亮的汤碗，这是待客之“异礼”，表示特别地尊重，特别地欢迎。

咱们现代人读到这里，肯定会觉得奇怪：胡椒有什么稀奇？给点儿胡椒就能表达尊重和欢迎，这也太离谱了吧？

其实并不离谱。胡椒在今天无非就是一种调料，极其常见，极其普通，可是在历史上，它却曾经相当稀缺，相当贵重，相当受普通百姓乃至上流社会的追捧。

我们知道，胡椒的原产地不在中国，而在印度。西汉以前，中国有花椒，有川椒，没有胡椒。张骞通西域以后，胡椒才从印度走进中国，但是其数量非常稀少，故此被帝王和贵族当成一种特殊的香料，甚至被炼丹的术士看作是一种延年益寿的灵丹妙药，每天早上服几粒，可以白日飞升。

与此同时，胡椒在欧洲也很受推崇。欧洲人把胡椒当成香料，上流社会不可缺少的香料，可是欧洲本土又不出产这种香料，全靠进口。阿拉伯人从印度进口胡椒，运到埃及，在埃及批发给意大利人，然后由意大利人转运到威尼斯，在威尼斯批发给各地零售商，再几经转手，才能到达消费者手里。路途遥远，程序复杂，高昂的运费加上中间商的层层加价，胡椒不贵重才怪。据说在中世纪欧洲，胡椒曾经跟黄金等值，一个人做长途旅行，可以携带金币，也可以携带胡椒，钱花完了，用胡椒付账，指定不会挨揍。后来哥伦布之所以要去发现新大陆，其主要原因就是为了寻找黄金和胡椒。

在中国的宋朝，海洋贸易空前兴盛，胡椒的进口数量增加，运输成本下降，但它毕竟还属于进口货，仍然是贵重物品。宋太宗即位后，曾经让广州地方官试种胡椒，但是产量极低，每年产量还不上百斤。

宋太宗淳化年间，朝廷列了一张“禁榷物”清单：玳瑁、象牙、犀角、珊瑚、乳香、胡椒。何谓“禁榷物”？禁止民间私自贩卖的物品是也。胡椒能与玳瑁、象牙、犀角、珊瑚等高端奢侈品并列，说明它身价不菲。而朝廷禁止民间贩卖胡椒，只许国家专卖，说明其中的利润也相当之大。

宋孝宗乾道年间，广州海关官员孙尚“将胡椒盗拆官封，出卖钱银等物，侵盗入己”（《宋会要辑稿》），将本由朝廷专卖的胡椒拆封出售，获取暴利，把钱财揣进自己腰包。结果呢？“大理寺断合决重杖处死”（同上），被最高法院判处死刑：用大棍打死。

通过以上材料，我们可以想见胡椒在宋朝的重要性和稀缺性，也可以想明白陈亮的乡亲为什么要通过撒胡椒面儿的方式来向陈亮表达敬意了。

由于胡椒如此贵重，所以宋朝老百姓做饭一般不放胡椒。我手头有一本《浦江吴氏中馈录》，是目前所能见到的最全面最详尽的宋朝民间食谱，该食谱收录了七十六个条目，罗列了一百多道食物，其中只有一道“洗手蟹”使用了胡椒。

再看该书收录的其他宋菜：

“炙鱼”，指的是烤鲫鱼，先用火烤，再用油煎，不用调料。

“水腌鱼”，鲤鱼切大块，用盐和酒糟来腌渍。

“肉鲊”，把猪腿肉或羊腿肉改刀，先片长条，再切成小块，焯水，振干，用醋、盐、草果、砂仁、花椒油拌匀。这道菜用了花椒，没用胡椒。

“算条巴子”，把猪肉切成算筹（古人用来计数和解题的小竹棍儿）的形状，用砂糖、宿砂、花椒粉拌匀，晒干、蒸熟。这道菜仍然是只用花椒，没用胡椒。

“蒸鲥鱼”，鲥鱼去肠不去鳞，拭净血水，用花椒粉、砂仁、豆酱、黄酒和葱花拌匀，蒸熟，出锅后再去鳞。还是只用花椒，不用胡椒。

“造肉酱”，精瘦肉剁碎，加细盐、葱花、川椒、茴香、陈皮、黄酒拌匀，入坛，封口，在烈日下暴晒半个月，然后挪到阴凉处保存。这道菜用了川椒，没用胡椒。

总而言之，我们把《浦江吴氏中馈录》翻个遍，只能找到一道使用胡椒做调料的宋菜，其他无论是荤菜还是素菜，无论是面点还是羹汤，统统没有胡椒。

南宋晚期出了一位精通美食的大隐士，名叫林洪，此人著有《山家清供》，书中专写各种清鲜食品的做法，提到了很多种调料，包括麻油、酱油、米醋、花椒、莳萝、酒糟，但是极少提到胡椒。唯一用到胡椒的是一道“山海羹”：主料为竹笋与蕨菜，焯水之后与鱼虾同煮，拌上绿豆粉皮，用酱油、麻油、精盐、米醋和胡椒粉来调味。林洪在介绍完这道菜的做法之后，又评价道：“今内苑多进此，名虾鱼笋蕨羹。”说明这道唯一用胡椒调味的佳肴竟然还是出自宫廷。

顺便说一下，林洪不喜欢川椒的辛辣。川椒是花椒的一种，但口感麻辣，今天俗称“麻椒”，是川菜当中必不可少的调料，如麻辣鸡块、重庆火锅，离开辣椒或许玩得转，离开麻椒就不是那个味道了。

宋朝已有川菜，时称“川饭”，与“北食”“南食”并列为三大菜系。那时候的川菜当然没有辣椒，可是已经大量使用麻椒了。林洪是福建人，他鄙视川菜，所以对川菜有这样的评价：“如新法川炒等制，山家不屑为，恐非真味也。”意思是说四川人爱用麻椒来料理鸡块，味道麻辣，夺去了鸡的清鲜本味，实在不可取。林洪自己做鸡，是用滚水氽烫，拔毛开膛，用盐水、葱段和花椒煮熟，捞出过水，用手撕开吃，绝不用麻椒爆炒。

但是林洪并不鄙视胡椒，他做的菜之所以少放胡椒，应该不是嫌弃胡椒的味道，而是因为胡椒的稀少。

豉汤与味噌

南宋杭州的风俗，到了冬天，各大茶楼除了卖茶和茶点，还有豉汤出售。

还是南宋杭州的风俗，每年正月十五，元宵节那天晚上，节令食品除了软而糯的汤圆、甜如蜜的蜜饯、黏掉牙的麦芽糖，还有沿街叫卖的豉汤。

豉汤的豉，是指豆豉，所谓豉汤，当然是豆豉煮的汤。

豆豉怎么煮汤呢？宋朝风俗宝典《岁时广记》第十一卷有记载：“盐豉、捻头，杂肉煮汤，谓之盐豉汤。”

盐豉：咸豆豉。

捻头：麻花段儿。

杂肉：掺上肉。

又咸又鲜的咸豆豉，又香又脆的麻花段儿，配上肉，煮成汤，叫作盐豉汤。

古人写食，偏于含蓄。换句话讲，写得太模糊，太简略，让我们这些后人搞不清楚具体做法。就拿这道“盐豉汤”来说吧，原文提到要配肉，可是配什么肉呢？配多少呢？生肉还是熟肉？瘦肉还是肥肉？怎么改刀呢？肉片还是肉丁？肉末还是肉块儿？

什么时候入锅？入锅前要不要飞水？咸豆豉用多少？入锅顺序是什么？把豆豉排在麻花段儿的前面？还是排在麻花段儿的后面？除了豆豉、麻花、肉这些主料，是不是还有配料呢？食材搭配是不是只此一种呢？除了盐豉汤，还有没有其他款式的豉汤呢？

您瞧，这些相当重要的细节，这些可供我们复原宋朝豉汤的细节，人家统统没写。

宋朝活了三百多年，在此期间，经济繁荣，文化昌盛，造纸术和雕版印刷术正处于空前发达的地步，各种诗集、文集、奏稿、唱词、话本、食谱，大量出版，浩如烟海，可惜大部分毁于战火。侥幸留存下来的文献当中，只有一部《岁时广记》记载了豉汤的做法，而且还记载得如此简略。

相对而言，宋朝文献关于豆豉的记载倒要详细得多。

南宋食谱《浦江吴氏中馈录》载有两段文字，容我抄录如下：

> 酒豆豉方：黄子一斗五升，筛去面，会净。茄五斤，瓜十斤，姜丝十四两，橘丝随放，小茴香一升，炒盐四斤六两，青椒一斤。一处拌入瓮中，捺实，倾金华酒或酒酿，腌过各物。两寸许纸箬扎缚，泥封，露四十九日。坛上写“东”“西”字号，轮晒日满。倾大盆内，晒干为度，以黄草布罩盖。
>
> 水豆豉法：好黄子十斤，好盐四十两，金华甜酒十碗。先日，用滚汤二十碗，冲调盐做卤，留冷，淀清，听用。将黄子下缸，入酒，入盐水，晒四十九日，完。方下大小茴香各一两，草果五钱，官桂五钱，木香三钱，陈皮丝一两，花椒一

两，干姜丝半斤，杏仁一斤。各料和入缸内，又晒又打二日，将坛装起。隔年吃放好，蘸肉吃更妙。

以上是“酒豆豉”和“水豆豉”的加工过程，但并非完整的加工过程——两段文字都是从“黄子”开始写起的，省略掉了前期加工黄子的步骤。

所谓黄子，是被米曲霉菌初步分解的粮食颗粒。比如说，你抓一把粮食，不管是大豆小豆还是大麦小麦，淘净，泡软，弄熟，晾干，用布包紧，一个星期左右，会长出一层或黄或青的绒毛。那绒毛是霉菌的孢子，表明空气中飘浮的霉菌正在你的粮食上快乐地繁殖，俗称发霉。你不管，让粮食继续发霉，让绒毛越长越多，直到每粒粮食都被厚厚的、黄黄的，像饼干渣儿一样疏松发脆的孢子裹住。然后你把孢子搓掉，把粮食淘净，控去发黄发臭的浑汤，得到的就是黄子。

好好的粮食，干吗要把它做成黄子呢？因为经过霉菌的繁殖以后，那些坚硬的外壳、难以消化的纤维素、不易分解的淀粉和蛋白质大分子，都被任劳任怨的微生物攻破了堡垒，为其他细菌的繁殖提供了便利，为下一步的生物化学反应奠定了基础。

现在我们做豆酱，做豆豉，做酱油，做豆瓣酱，做麦酱，都要先做黄子，黄子做不好，后续工作就没法进行。关于怎么做黄子，元朝生活手册《居家必用事类全集》里有记载，这里摘录最详细的一段：

黄豆不拘多少，水浸一宿，蒸烂，候冷，以少面掺豆上拌匀，用麸再拌。扫净室，铺席，匀摊，约厚二寸许。净穰草、麦秆或青蒿、苍耳叶，盖覆其上。待五七日，候黄衣上，搓揉令净，筛去麸皮，走水淘净，曝干。

黄豆若干斤，泡透，蒸熟，放凉，先拌少许面粉，再撒少许麦麸（“麸”在古代食谱中有两种含义，有时指麦麸，有时指面筋，这里指麦麸）。找一间屋子，打扫干净，地上铺席，将拌了面粉与麦麸的熟豆子均匀摊到席上，摊两寸厚。用干净的草棵或者麦秸当被褥，把豆子盖得严严实实。五到七天后，掀开“被褥”，黄豆上面已经长满霉菌的孢子。搓掉孢子，筛掉麦麸，将豆子洗净，晒干，它们光荣地成为合格的黄子，可以拿来做豆酱和做豆豉了。

用黄豆做黄子，为啥要掺面粉和麦麸呢？其实可以不掺，只要你弄熟的黄豆不含太多水分就行。如果不是蒸熟，而是煮熟，或者蒸煮时间过长，控水时间过短，黄豆含水太多，最好还是掺点儿面粉，降低含水量，这样可以减缓霉菌的繁殖速度，免得黄豆变成又黏又烂又臭的一堆垃圾。至于掺麦麸，则有两个好处：一是降低含水量，二是让黄豆颗粒彼此不粘，疏松透气，最后制成的豆豉完整耐看。

介绍完了黄子，我们再回过头来探讨前面抄录的那两段南宋食谱。

那两段描述的都是豆豉做法，一段写“酒豆豉”，一段写“水豆豉”。顾名思义，酒豆豉要用酒去腌，水豆豉要用水去腌，但是细看水豆豉的做法，其实跟酒豆豉差不多，也会用酒。

简单说，酒豆豉是这样做的：黄子筛净，去掉面粉、麸皮和残余的孢子，与茄子、菜瓜、姜丝、橘丝、小茴香、盐、青椒等配料一起拌匀，入坛，浇入黄酒或酒酿，淹没主料和配料，封坛，露天晒四十九天。晒之前，坛子外壁做两个标记，一面写“东”，一面写“西”，今天让“东”面朝阳，明天让“西”面朝阳，如此这般有规律地挪动方向，让坛子里的热量尽可能均衡分布。待豆豉熟透，打开坛子，倒进大盆里继续暴晒，直到水分全部蒸发，搬入室内，盖以粗布，可以长期存放。

做水豆豉时，第一道工序是炼盐：使用滚水，把买来的粗盐化开，慢慢澄清，让泥沙沉底，只要上面干净的盐水。黄子入缸，浇入盐水和甜酒，封缸，跟酒豆豉一样晒四十九天。然后开缸，放各种作料，包括大茴香、小茴香、草果、官桂、木香、陈皮、花椒、干姜、杏仁等。作料入缸，一边继续晒，一边搅拌，让豆豉和作料均匀混合，好入味。两天后，再次封缸，长期存放。

豆豉的主料是豆黄（大豆霉变生成的黄子），豆黄被霉菌分解过，再密封保存，被厌氧的乳酸菌继续分解，释放出几十种乃至上百种芳香烃，产生出鲜爽醇美的乳酸和谷氨酸。闻着香，吃着鲜，开胃，爽口，助消化，这就是加工豆豉的原理，也是豆豉好吃的原因。宋朝人未必懂得这种科学知识，但他们制作豆豉的方法与科学暗合。

必须说明的是，豆豉决非宋朝人发明。按文献记载，至少在魏晋时期，豆豉工艺就已经相当成熟，并且东传而入朝鲜半岛和日本列岛。在学会中国豆豉工艺的基础上，韩国人创造出他们引以为豪的“大酱”，日本人创造出他们必不可少的“味噌”。

韩国人和日本人都非常善于学习，他们现在制作的大酱和味噌，跟我们现在最热销的豆豉品牌比起来，至少在欧洲人和他们自己人的心目中，无论口味还是名气，都毫不逊色，甚至犹有过之。

就像巴蜀地区的人民喜欢用麻椒跟各种食材搭配，创造出各式各样的火锅一样，日本人也喜欢用味噌跟各种食材搭配，创造出各式各样的味噌汤。我忍不住认为，日本的味噌汤应该就是源于宋朝的豉汤。可惜的是，文献中的豉汤品种过于单一。

南宋养生小册子《奉亲养老书》收录一道面食做法：用鸡蛋和面，擀成面条，直接在豉汤里煮熟。

豉汤咸而鲜，无须其他作料，即可让面入味。但是，直接用豉汤煮面，实在是很不科学的做法——豆豉长时间加热，芳香物质会大量散失，不如像日本人做味噌汤那样，先将饭菜煮熟，再把味噌放进去。

第六章

果品与甜点

黄蓉的果盘

《射雕英雄传》第七回，黄蓉跟郭靖头回见面，让郭靖请客。

郭靖喊来店小二："快切一斤羊肉、半斤羊肝来！"黄蓉却说："别忙吃肉，咱们先吃果子。先来四干果、四鲜果、两咸酸、四蜜饯。"郭靖听蒙圈了，店小二也吓了一跳："要些什么果子蜜饯？"黄蓉冷笑道："这种穷地方小酒店，好东西谅你也弄不出来，就这样吧，干果四样是荔枝、桂圆、蒸枣、银杏。鲜果你拣时新的，咸酸要砌香樱桃和姜丝梅儿，不知这儿买不买得到？蜜饯嘛，就是玫瑰金橘、香药葡萄、糖霜桃条、梨肉好郎君。"

四干果、四鲜果、两咸酸、四蜜饯，黄蓉一口气点了十四个果盘。而店家准备这些果盘时，必须要用到荔枝、桂圆、枣子、银杏、樱桃、梅子、金橘、葡萄、桃子、梨子。掰指头数一数，总共九种水果。

现在听起来，这九种水果没什么了不起，随便哪个水果店或者大型超市都能买齐。如果嫌麻烦，还可以上网下单，无论北方水果还是南方水果，无论国产水果还是进口水果，淘宝上应有尽有，只有你想不到的，没有你买不到的。

问题是，黄蓉点菜的时代属于南宋，距离现在七八百年。而她点菜的季节又是冬天，北方鲜果早已下架。更要命的是，她和郭靖身处张家口，那是中原与塞外的交界，是大金国的地盘，买牲口方便，买水果太难。所以黄蓉点到“砌香樱桃”和“姜丝梅儿”时，顺嘴奚落了一下店小二：“不知这儿买不买得到？”言外之意，你们这儿穷乡僻壤，买不到什么好东西。

我能理解黄蓉的奚落。某年冬天某电视台去我老家开封拍纪录片，需要荔枝做道具，我找遍全城所有超市和果子摊儿，都没有买到一颗哪怕是坏掉的荔枝，最后只好上网下单。导演姑娘感慨道：“生活在小地方真是不方便，在我们北京，什么都买得到。”半月后我进京录节目，跟导演再次见面，仍然需要荔枝做道具，她让实习生采购，实习生绕着四九城跑了一天，回来苦着脸汇报：“对不起，这个季节北京也不卖荔枝。”于是我长出一口气，阴暗的心理得到了满足。

黄蓉生在桃花岛，那里应该是南方，南方水果当然比北方丰富，但在宋朝也并非应有尽有，比如说木瓜和榴梿，就是宋朝没有的水果。

《诗经·卫风·木瓜》写道：“投我以木瓜，报之以琼琚。”姑娘从树上摘下一只木瓜，往小伙怀里扔去；小伙从腰间解下一只美玉，放到姑娘的手里。这是周朝人民创作的情诗，说明周朝已有木瓜，宋朝当然更有，怎么能说宋朝没有木瓜呢？

原因很简单，《诗经》里的木瓜是我国土生土长的蔷薇科木瓜，有短柄，像菜葫芦，星星点点悬挂在枝叶间，果皮硬，果肉酸，切开果肉，种子散布在五角形的空间内，仿佛切开的苹果。而我们现在吃的木瓜却是番木瓜，体形偏长，像椰子一样聚集在树干上，硕果累累，芳香甜美。番木瓜是17世纪从墨西哥引进的，所以宋朝的木瓜只能是土生土长的蔷薇科木瓜。

蔷薇科木瓜俗称“宣木瓜”，能在北方种植，味道酸涩，宋朝人一般不生吃。怎么吃呢？晒成木瓜干，熬成木瓜汤，或者加糖加蜜，做成木瓜蜜饯。

榴梿也是外来水果，郑和下西洋之前，中国古籍中从来没有榴梿的影子。郑和下西洋以后，他的两个随船翻译分别写了一本介绍东南亚风光的小册子，一本是《瀛涯胜览》，一本是《星搓胜览》，都提到了榴梿的形状、大小、味道和吃法。那时候，榴梿被写成“赌尔焉”（有的版本误写为“赌尔马”），是用汉语对马来语的音译。众所周知，在马来语中，榴梿的发音确实很像“赌尔焉”。

榴梿的果皮臭不可闻，所以郑和的翻译马欢将榴梿描述为“一等臭果”“若烂牛肉之臭”，但是“内有栗子大酥白肉十四五块，甚甜美可食”，“其中更皆有子，炒而食之，其味如栗”。榴莲的果肉又大又多又甜美，连种子都能炒着吃，跟糖炒栗子一样美味。

查《明史》《清史稿》以及十三行贸易档案，从郑和下西洋到清朝末年，东南亚诸国的商船和朝贡队伍源源不断地将土产运抵中国，既有珍珠、玳瑁、象牙、珊瑚等珠宝，也有白檀、龙涎、胡椒、豆蔻等香料，还有鱼翅、燕窝、海参、鲍鱼等水产，甚至还有苹果脯、香蕉干、山竹干之类的干果，但是绝对没有榴梿。推想起来，别说宋朝人，就连明清两朝的人也不可能吃到榴梿（除非走出国门）。宋朝如果有榴梿，黄蓉真的未必敢吃，店小二胆敢捧出一个榴梿放到她桌上，她十有八九赏人家一个耳光，然后施展轻功逃之夭夭——不是怕还手，而是怕臭。

还有一种比榴梿还大的巨型水果，小则十几斤，重则近百斤，比黄蓉都重。这种水果叫菠萝蜜，同样来自海外，但是比榴梿和番木瓜进入中国的时间早。按《隋书》《酉阳杂俎》和《广东新语》等史料的记载，它原产印度，南北朝时被一位名叫奚空的印度使臣带到中国，种植在广州的南海神庙。

元朝剧作家汤显祖写过一首《达奚司空立南海王庙门外》，叙述了菠萝蜜传入中国的传奇故事：

司空暹罗人，面手黑如漆。
华风来入觐，登观稍游逸。
戏向扶胥口，树两波罗蜜。
欲表身后奇，愿此得成实。
树毕顾归舟，冥然忽相失。
虎门亦不远，决撇去何疾。
身家隔胡汉，孤生长此毕。
犹复盼舟影，左手翳西日。

“暹罗”即泰国，汤显祖缺乏地理知识，误把达奚的老家当成了泰国。这位达奚很可能拥有南亚黑人的血统，皮肤漆黑，随身携带着菠萝蜜种子，漂洋过海来到广州。他下船登岸，留个纪念，别人乱写“到此一游”，他却在登岸的地方掘土刨坑，撒下两颗菠萝蜜种子。刚刚种完菠萝蜜，突然刮起一阵大风，把他的船刮走了。他没有办法返航回国，只能翘首西盼，仰天长叹，结果化成了一尊雕像。而他种下的那两棵菠萝蜜，后来成了中华大地上所有菠萝蜜的共同祖先。

宋朝人是吃过菠萝蜜的，陆游的老上司范成大去广西做官，写了一部《桂海虞衡志》，其中提到菠萝蜜：“菠萝蜜大如冬瓜，削其皮食之，味极甘。”范成大生活在南宋，黄蓉也生活在南宋，但她未必吃过菠萝蜜，因为她毕竟没有在盛产波罗蜜的岭南地区生活过。她爹黄药师虽然神通广大，也不可能从岭南采购一船菠萝蜜，走海路运回桃花岛让闺女吃——那时候交通条件和保鲜技术都很落后，成熟的菠萝蜜在路上不出三天就全烂了。

大概正是因为交通和保鲜太落后的缘故，我们在描写两宋首都饮食风俗的《东京梦华录》与《武林旧事》中很少看到岭南水果，只能看到桃杏李梅、大枣山楂、樱桃柑橘之类。后面这些水果种植区域广泛，南方北方均有，就近采摘运入京师，路上不至于坏掉。

《东京梦华录》和《武林旧事》中只能见到一种岭南水果，那就是荔枝。荔枝也很难保鲜，为啥能运到京师呢？原因有三。

第一，以前荔枝的种植范围不限于岭南，四川也种荔枝，唐明皇派快马到长安供杨贵妃享用的荔枝，就是从四川荔枝园采摘的。从四川到北宋首都开封，总比从广东到开封要近得多。到了南宋，常年气温下降，四川荔枝锐减，福建荔枝却可以走海路运到宁波，再沿江而上入杭州。南宋海运发达，这条水路最快七天可达，若有冰块保鲜，荔枝不会坏掉。

第二，宋朝人发明了一种给荔枝保鲜的腌渍方法，用食盐和某种颜料将荔枝加工成“红盐荔枝”，可保荔枝三四年不坏。但是这种荔枝仅仅图个好看，完全失去了荔枝应有的甜蜜和鲜美。

第三，宋朝人还可以把荔枝风干，用干荔枝摆盘或者熬汤。苏辙诗云：“含露迎风惜不尝，故将赤日损容光。红消白瘦香犹在，想见当年十八娘。”描写的正是干荔枝。

南宋建国后不久，宋高宗去武将张俊家里做客，张俊上了将近一百道果盘，其中“时新果子”只有十一道（还包括一盘莲藕与一盘甘蔗），其余全是干果和蜜饯，并且在干果中有一道“干荔枝”，在蜜饯中有一道“荔枝好郎君”。

“好郎君”是宋朝闽南俗语，指可以存放一年以上的腌菜。由此推想，张俊献给宋高宗的“荔枝好郎君”，黄蓉在张家口点的“梨肉好郎君”，可能都是腌渍或者蜜饯过的，类似于腊肉、泡菜、蜜枣、地瓜干。

糖霜玉蜂儿

《甄嬛传》里有一情节：甄嬛怀孕以后，胃口很差，啥都不想吃，就想吃“糖霜玉蜂儿”。这可把宫女们难住了，因为她们统统不知道糖霜玉蜂儿是什么东西。

甄嬛不能怪下人，只能怪她的作者流潋紫——糖霜玉蜂儿是宋朝独有的甜点名称，清朝人怎么可能听说过呢？

这道甜点原载于南宋人周密写的《武林旧事》，说是宋高宗去清河郡王张俊家做客，张俊设筵款待，上了很多很多美食，其中一道就是糖霜玉蜂儿。

宋朝人还不会加工白糖，只会加工红糖和糖霜。什么是糖霜？就是在熬糖的大锅和搅糖的竹棍上提前结晶的霜块。这层霜块不是白糖，是比白糖还要纯净的冰糖。顾名思义，糖霜玉蜂儿就是用糖霜加工的玉蜂儿。问题在于，我们不知道什么是“玉蜂儿”。难道是蜜蜂？绝对不可能，因为蜜蜂是不能吃的。

蜂蛹倒可以吃。《礼记·内则》列举周天子在大型宴会上常吃的几道生猛小菜，计有五种：蜩、范、蚳、蝝、蜗。其中的“范”，就是蜂蛹。

周天子吃“范”，当然不会生吃，他让厨子把“范”曝干，用腌过的梅子拌匀，盛入高脚大盘，用小勺挖着吃，酸酸的，咸咸的，这种吃法儿跟糖霜无关。事实上，周朝根本没有糖，更没有糖霜，糖和糖霜是唐朝以后才出现的新食材。

既然宋朝有了糖霜，那么糖霜玉蜂儿是否就是用糖霜和蜂蛹加工的蜜饯蜂蛹呢？不好说，反正我是没有听说过蜜饯蜂蛹。我只听说过油炸蜂蛹、香辣蜂蛹、椒盐蜂踊、脆皮蜂蛹、清蒸蜂蛹、咸酥蜂蛹、蜂蛹煎蛋，嗯，还有我最喜欢吃的蜂蛹酱。所有这些都是咸的，跟甜点完全不搭。

我们来听听学术界的解释。

王仁湘先生是研究古代美食的大家，他认为玉蜂儿应该是蚕蛹，其依据是元朝人爱吃蚕蛹，并将蚕蛹称为“蜂儿”。经王仁湘这么一考证，所有注释《武林旧事》的学者都把糖霜玉蜂儿解释成了“用蚕蛹做的蜜饯”。问题是蚕蛹能做蜜饯吗？就算能做，做出来您敢吃吗？

我原先也以为玉蜂儿就是蚕蛹，近来无意中读到南宋杨万里的几首诗，刹那间恍然大悟：啊哈，原来宋朝餐桌上的玉蜂儿并不生猛，它既不是蜂蛹，也不是蚕蛹，而是莲子啊！

有杨万里《莲子》为证：

> 蜂儿来自宛溪中，两翅虽无已是虫。
>
> 不似荷花窠底蜜，方成玉蛹未成蜂。

这首诗把莲房比喻成蜂房，把莲子比喻成蜂房里的蜂蛹，蜂蛹长大了会长翅膀，莲子怎么长都没有翅膀。

又有杨万里《食莲子》为证：

> 白玉蜂儿绿玉房，蜂房未绽已闻香。
>
> 蜂儿解醒诗人醉，一嚼清冰一咽霜。

剥开绿色的莲蓬，能看到白色的莲子，就像蜂房里面那白色的蜂蛹。蜂蛹不能生吃，莲子是可以生吃的，清甜芳香，吃了能败火，还能解酒，就跟吃冰块一样爽口。

现在问题迎刃而解：什么是糖霜玉蜂儿？就是用糖霜和莲子加工的蜜饯莲子嘛！

玉蜂儿不生猛，周天子的饮食却很生猛。刚才说过，周天子有五道生猛小菜：蜩、范、蚳、蝝、蜗。“范”指蜂蛹，其他四种分别又是什么呢？

容我一一介绍。

蜩：蝉的幼虫，俗称“爬叉”，身躯壮硕，肥嫩多汁，四只爪子短而尖利，看起来既恶心又瘆人，现在没有多少人敢吃它。可是在东周及春秋战国时期，它却是一道美食：用盐腌一夜，待它吐净腹中泥沙，再放到鼎里，用盐水煮熟，配以茴香，捞出大嚼，乳白的汁液从嘴角飞溅出来，状如撒尿牛丸。

蚳：白蚁卵，属于大猩猩的美食，人类一般不吃。现在全世界只有刚果土著爱吃白蚁，可是在春秋时期，各路诸侯喜欢用白蚁卵做酱，拌着小米饭吃。

蝝：蝗虫的幼虫，先秦贵族也用它做酱：搜集一大盆小蝗虫，拌上盐，捣成烂糊，装进陶罐，密封半年，即可取出食用。

蜗：蜗牛。据《礼记·内则》描述，周天子吃烤鱼配卵酱（即白蚁卵做的酱），吃鱼生配芥酱（即芥末酱），吃鸡肉配蜗酱，可见蜗牛是可以做成酱的。

除了做酱，蜗牛还可以煮着吃或者烤着吃。法国汉学家谢和耐考证过春秋时期的美食，其中就包括烤蜗牛。蜗牛治净，焯水，不去壳，用姜水腌渍，撒上盐，用猪油封口，小火烤熟即成。这种做法很像现在法国人烹调蜗牛的方式。

吃蜗牛，吃白蚁，吃爬叉，吃蝗虫，先秦饮食似乎野蛮到了恶心的地步——那么恶心的东西，怎么能吃呢？

且慢，我们千万不要通过食材的长相来想象它的味道（就像广大读者朋友不能通过作家的长相来想象他的作品一样），因为长相并不等于味道。举个例子说，螃蟹的长相并不比爬叉好到哪里去吧？早在九百年前，关中平原的宋朝老百姓还把螃蟹当成妖怪，风干了挂到门外辟邪，谁都不敢尝上一口，可是九百年以后的今天，螃蟹在西安夜市上大受欢迎，再也没有人拿它当妖怪了。还有龙虾，挥舞着一对大钳，既难看又可怕，把它塞到抽屉里，能把胆小的女生吓个半死，可是谁会批评龙虾的肉不好吃呢？爬叉也是这样，样子臃肿，肚子肥大，四根爪子抓来抓去相当恶心，甭说吃，瞅一会儿都得吐，可是您真要冒死吃上一回，就会爱上它的滋味。

当然，爬叉不能生吃，也不宜清蒸，拿来炖汤恐怕也做不出味道。要想把爬叉的美味做出来，必须油炸，油炸之前还必须用盐水泡干净，泡净以后还必须用控水，多用软布搌几遍，搌得越干越好。有人说吃爬叉会生病，吃多了脸上起红点，那都是因为油炸之前没有弄干净的缘故。

在宋朝，爬叉曾经是进贡物品。据《包拯集》，黑脸包公倒坐南衙开封府的时候，曾经让开封府辖下的阳武县知县王尚恭进贡爬叉一千只，供宫廷食用。

一千只爬叉是很容易进贡的。在我老家的盛夏时节，晚上八九点钟拎一手电筒出去，哪儿有树林子就往哪儿去，一旦瞧见榆树、槐树和杨树，就用手电筒从底下往上照，一会儿就能发现一只窸窸窣窣往上爬的爬叉，捏住它的后背，往玻璃瓶里一装，再去逮下一只……假如手疾眼快，一晚上逮三百只都没问题。

逮到爬叉，用浓浓的盐水泡上一整天，让它们吐净泥沙，搌干水分，用油炸上两遍，盛到大瓷盆里，趁热撒孜然，又香又脆。

宋朝人吃爬叉，也吃蚕蛹。陆游说过，他在绍兴老家隐居的时候经过一个小村落，当地村民"瓦盎盛蚕蛹，沙鬴煮麦人"，意思是用沙甑蒸了麦饭做主食，用瓦盆盛了蚕蛹当菜吃。绍兴自古就养蚕，蚕宝宝结完了蚕茧，留下一堆一堆的蚕蛹，瞧着难看，营养却很丰富，属于高蛋白食材，要是扔了不吃，那才叫暴殄天物呢！

蚕蛹跟爬叉一样可以油炸，就是炸法儿不一样。

爬叉的外皮很厚，很光滑，炸之前千万别挂面粉，否则一下油锅就分离了，面粉散落在油锅里，把清亮的植物油搞得非常浑浊，看起来跟地沟油一样，炸不上十分钟就得糊底。油锅一糊底，爬叉就炸不熟了，一咬一口白汁，腥得要命，那才真叫恶心。

炸蚕蛹则必须挂粉（别挂纯淀粉，用普通面粉就行了），因为它含水多，在油锅里会迅速膨胀，挂了面粉能锁住水分。假如一点儿面粉都不挂，直接扔滚油里炸，蚕蛹的汁液会噗噗噗地往外喷，喷得油花飞溅，很危险。

炸爬叉之前必须用盐长时间腌制，因为爬叉的体形偏大，不腌不入味。炸蚕蛹刚好相反，之前不用腌，炸好了再撒盐、撒孜然，端起炒盆晃一晃，味道就渗进去了。这样炸蚕蛹，炸出来的造型好看，口感也不错，外脆里酥，粒粒饱满。

周天子五种生猛小菜，在宋朝流行的只有爬叉，宋朝人绝对不喜欢吃蜂蛹和蝗虫，就是吃，也是迫不得已（灾民闹饥荒的时候），绝不会献宝似的摆到皇家餐桌上。从这个角度看，宋朝饮食没有周朝生猛。

整体来说，宋朝饮食更接近现代饮食，食材接近现代，做法也接近现代。不过从细节上观察，宋朝饮食也有一些生猛的成分，不信咱们再看看南宋某位皇太子的菜单：

炒鹌子、烙润鸠子、螃蜞签、肚儿辣羹、土步辣羹、海盐蛇鲊、酒醋三腰子、糊炒田鸡……

“炒鹌子”是炒鹌鹑，“烙润鸠子”是烤斑鸠，“螃蜞签”是用螃蟹肉和猪网油做的网油卷，“肚儿辣羹”是用羊肚和川椒炖的汤，“土步辣羹”是用虎头鲨和芥末根炖的汤，“海盐蛇鲊”是先腌再压然后再风干的干腌蛇肉，“酒醋三腰子”是醋溜羊腰子、猪腰子和鹿腰子，“糊炒田鸡”是先炒后炖的青蛙肉。

吃蛇，吃青蛙，吃虎头鲨，这位皇太子也很生猛。

糖肥皂

《金瓶梅》第六十七回，西门庆请温秀才和应伯爵在自己家里赏雪。赏雪嘛，不能无酒。喝酒呢，又不能无菜。西门庆让仆人烫酒端菜，在书房中摆了一个小小的宴席，招待两个狐朋狗友。

现在我们看看原文是怎么写的：

> 伯爵才待拿起酒来吃，只见来安儿后边拿了几碟果食，内有一碟酥油泡螺，又一碟黑黑的团儿，用桔叶裹着。伯爵拈将起来，闻着喷鼻香，吃到口犹如饴蜜，细甜美味，不知甚物。西门庆道："你猜？"伯爵道："莫非是糖肥皂？"西门庆笑道："糖肥皂那有这等好吃。"伯爵道："待要说是梅酥丸，里面又有核儿。"西门庆道："狗才过来，我说与你罢，你做梦也梦不着。是昨日小价从杭州船上捎来，名唤做衣梅。都是各样药料和蜜炼制过，滚在杨梅上，外用薄荷、橘叶包裹，才有这般美味。每日清晨噙一枚在口内，生津补肺，去恶味，煞痰火，解酒克食，比梅酥丸更妙。"……又拿起泡螺儿来问郑春："这泡螺儿果然是你家月姐亲手拣的？"郑春跪下说：

> “二爹，莫不小的敢说谎？不知月姐费了多少心，只拣了这几个儿来孝顺爹。”伯爵道：“可也亏他，上头纹溜，就像螺蛳儿一般，粉红、纯白两样儿。”

主宾三人饮酒，席上有两道甜点不同凡响，一道是“泡螺”，另一道叫作“衣梅”。

拙著《吃一场有趣的宋朝饭局》专门考证过“泡螺”，它其实是宋朝就有的甜点，应该写成“鲍螺”，用奶油制成，做法并不复杂——将半固态的奶油直接挤在碟子上，边挤边旋转碟子，形成螺旋状的美丽造型，如鲍鱼，如螺蛳，故称“鲍螺”，又叫“滴酥鲍螺”。

“衣梅”这道甜点在宋朝没出现过（也许出现过，但不叫这个名字），好在西门庆把制作方法讲得十分清楚：“都是各样药料和蜜炼制过，滚在杨梅上，外用薄荷、橘叶包裹，才有这般美味。”由此可见，它是用杨梅做的一种蜜饯。

西门庆这两个朋友比较土鳖，既没有吃过鲍螺，也没有见过衣梅。就在这一回里，应伯爵第一眼看见鲍螺，喊道：“好呀！拿过来，我正要尝尝！”先捏了一个放进嘴里，又捏了一个递给温秀才，说道，“老先儿，你也尝尝。吃了牙老重生，抽胎换骨。眼见希奇物，胜活十年人。”温秀才呷在口中，入口而化，也赞叹道：“此物出于西域，非人间可有，沃肺融心，实上方之佳味。”随后三人饮酒，仆人摆上果盘，应伯爵已经把衣梅吃到了嘴里，仍然不知道是啥，西门庆让他猜，他居然以为是糖肥皂！

大家读到这里可能会觉得奇怪：这应伯爵也太土鳖了吧？怎么能吃的东西当成肥皂呢？肥皂能吃吗？糖肥皂又是什么东西？

其实呢，古代的肥皂跟今天不同，现在肥皂当然不能吃，古代有些肥皂还是能吃的。

不知道大家有没有听过《世说新语》中的一个故事，说是东晋贵族王敦娶了晋武帝的公主，马上搬进一所豪宅，家中陈设鸟枪换炮，有些东西他不认识。比如说有一次，他上完厕所出来，丫鬟用金盘盛水，用玻璃碗盛澡豆，让他洗手，他居然把澡豆倒进水里，一口气吃光了，惹得众丫鬟掩口而笑。这个王敦吃的澡豆，就是早期的一种肥皂，用豌豆粉和香料制成，不仅可以拿来洗澡，而且可以吃，因为无毒，还很香。

豌豆粉有去污功能。记得我小时候，我妈喜欢将豌豆泡软捣碎，加上盐，拍成饼子，上笼蒸熟，称为“鳖馍”。有一回她蒸鳖馍蒸得太多，天热没吃完，馊了，她不舍得扔，就用鳖馍刷锅，效果很好。

豌豆粉能去污，最早可能是印度人发现的。按佛教经典《五分律》记载，佛陀住世时看见一些弟子在大树上蹭痒，背都蹭破了，于是命令他们用澡豆沐浴。再查《十诵律》，佛陀所说的澡豆正是用豌豆粉、黄豆粉和迦提婆罗草粉制成的小药丸，既能外用，也可内服。

汉朝以前，中国没有豌豆。汉朝以后，豌豆跟着佛经传进来，用豌豆做的澡豆也传了进来。一直到清朝末年，北京还有一种“香面铺”，售卖用来洗脸的“豆儿面”，原料仍然是豌豆粉加香料，既能去污，又能增香。

我们中国人自己发明过一种去污产品，原料是猪的胰脏，配以草木灰或者其他成分，可以制成块状的肥皂，俗称“胰子”。胰子富含脂肪酶，能将很难洗掉的油脂分解成脂肪酸，所以有去污能力。

可能比印度人发明澡豆和中国人发明胰子还要早的时候，腓尼基人和古埃及人已经分别用不同的方式发明了肥皂。腓尼基人把动物油加热，掺入山毛榉树的炭灰，冷却后即成肥皂。古埃及人则把植物油加热，掺入草木灰，冷却后制成肥皂。草木灰呈碱性，其中的碳酸钾与油脂混合，会产生化学反应，产生一种有许多碳氢分子组成的长链。这种长链的一头能吸附油分子，另一头能吸附水分子，所以能把用清水难以去除的油污吸到水里，让人和衣服变得干净。

论去污能力，胰子胜过澡豆，油与碱制成的肥皂更胜一筹，但是澡豆能吃，胰子与各种碱性肥皂都不能吃。

好在我们中国人再次出手，找到了一种纯植物的去污产品：皂角。

皂角是皂角树的果实，外形像扁豆角，把荚剥开，里面是光滑浑圆的种子。这些种子叫作“皂角米”，又叫“雪莲子”，它富含皂苷（即皂素），皂苷可溶于热水，摇动后能产生丰富的泡沫，所以也有去污功效。

仅能去污并不稀奇，皂角有一个最大的好处——能吃。大伙可以去淘宝上搜一下“皂角米”或者“雪莲子”，所有相关产品一定不是分在洗化用品的门类，而是被挂在食品门类。这种食品像莲子一样包装出售，售价极贵，差不多一斤要卖两百块。

买回来怎么吃呢？先用清水泡上一整天，把这些皂角米泡软，泡发，再煮成粥。粥里可以加糖，也可以放盐，根据你喜欢什么口味而定。听说也有人在炖鸡汤和熬米粥时放几粒皂角米，能让汤汁发黏，口感更好。

皂角米为啥能让汤汁发黏呢？因为它低蛋白、低脂肪、含有植物性胶，加热后能吸水，晶莹剔透，像凉粉一样，像葛粉一样，像阿胶和猪蹄里的胶原蛋白，也像美女吹弹可破的皮肤。

现代中国美容成风，奸商趁机误导大众，将所有看起来吹弹可破的食材都打上了美容养颜的标签。皂角米之所以卖那么贵，跟虚假宣传是有很大关系的。事实上，这种食材里的植物性胶仅仅看起来像胶原蛋白，本质上只是膳食纤维，与胶原蛋白完全无关，更不可能有美容效果。即使它像猪蹄与阿胶一样含有胶原蛋白，吃进去也不会有美容功效，因为任何一种胶原成分进入消化道，都逃脱不掉被分解成碳水化合物的命运，如果消化不完，还会被转化成脂肪囤积起来。

有趣的是，宋朝人也吃皂角米，不过不是为了美容，而是为了享用它软糯的口感。北宋末年，一个名叫庄绰的小官在《鸡肋编》中写道：

> 浙中少皂荚，澡面衣皆用肥珠子。木亦高大，叶如槐而细，生角长者不过三数寸，子圆黑肥大，肉亦厚，膏润于皂荚，故一名“肥皂”，人皆蒸熟曝干乃收。京师取皂荚子仁煮过，以糖水浸食，谓之“水晶皂儿”。

北宋开封人将皂角米煮熟，泡在糖水中浸透，软糯甜美，红如玛瑙（宋朝只有红糖），故名“水晶皂儿”。浙江还有一种不同于北方的皂角树，结出来的皂角米更大更圆，果肉更加肥厚，俗称“肥皂”。

南宋笔记《都城纪胜》记载：“都下市肆名家驰誉者，如中瓦前皂儿水、杂卖场前甘豆汤……”中瓦是南宋杭州有名的娱乐场所，门口卖“皂儿水”，我估计是用皂角米加工的饮料。另一本南宋笔记《武林旧事》提到杭州城内售卖一种甜点“皂儿糕”，应该是用皂角米加工的糕点。

OK，现在回到《金瓶梅》，回到“糖肥皂”。应伯爵为啥会把杨梅蜜饯当成糖肥皂呢？因为他说的糖肥皂是用糖水煮透的皂角米，类似宋朝的水晶皂儿，无论颜色、甜度还是软糯的口感，都有点儿像杨梅蜜饯。

夜市上的甜点

宋朝人孟元老回忆说，北宋都城开封最大的夜市叫作“州桥夜市”。每年夏天，该夜市生意兴隆，通宵达旦，以下甜点俯拾皆是：

> 水饭、水晶皂儿、生淹水木瓜、药木瓜、鸡头酿砂糖、冰雪冷元子、绿豆甘草冰雪凉水、荔枝膏、杏片、梅子姜、香糖果子、间道糖荔枝、越梅、紫苏膏、滴酥……（《东京梦华录》卷二《州桥夜市》）

孟元老罗列了这么一大堆饮食名称，其中很多已经失传，为了让大伙搞明白它们究竟是些什么样的美食，下面我来分别解释一下。

水饭是稀粥泡干饭。咱们现代人吃米饭，干吃没胃口，一定要炒些菜来配它，譬如弄成鱼香肉丝盖浇饭、鸡蛋西红柿盖浇饭之类。古人吃米饭比较简单，特别是古代的穷人，买不起盐、买不起肉，炒菜嫌费油、买菜嫌费钱，只能吃白饭。吃着吃着，吃出诀窍来了：他们先熬半锅稀粥，让它发酵，发到又酸又甜、略有酒气的时候，再蒸半锅干饭，放凉了，用刚刚发酵好的稀粥一拌，酸酸甜甜很好吃，比吃白饭强得多。像这种用发酵稀粥来浸泡入味的米饭，就是传说中的水饭。

水晶皂儿是糖浸皂角米。皂角米是碱性物质，可以加工成肥皂，洗脸洗澡洗衣服，也可以煮熟食用。北宋庄绰《鸡肋编》云："京师取皂荚子仁煮过，以糖水浸食，谓之水晶皂儿。"可见水晶皂儿其实是煮熟之后再用糖水浸泡的皂角米。

生淹水木瓜比较简单：将木瓜去皮去瓤，切成小块，先用盐水浸，再用糖水泡，最后放进冰水即可。

药木瓜相对复杂一些：将木瓜去皮去瓤，切成长条，与砂仁、姜末、甘草、豆蔻一起拌匀，略微撒些盐，在太阳地里暴晒，晒成木瓜干，用糖水泡透。

鸡头酿砂糖：鸡头即芡实，芡实挖孔，酿入砂糖，再用熟蜜浸泡，加工成蜜饯鸡头米。

冰雪冷元子：元子即汤圆，冰雪冷元子即冰镇汤圆。

绿豆甘草冰雪凉水：绿豆与甘草一同煮汤，放凉，冰镇，然后饮用。

荔枝膏：这道甜点名曰荔枝，实际上跟荔枝没关系，待会儿我们再详细介绍。

杏片：半熟黄杏剖开去核，切成薄片，做成蜜饯。

梅子姜：梅子先后用盐、糖腌透，再拌以姜丝。

香糖果子：宋朝人所说的"果子"通常不是指水果，而是用小匣子封装的各类甜点。

间道糖荔枝："间道"是宋元白话，意思是不同颜色组成的花纹，所以间道糖荔枝就是杂色糖荔枝。宋朝药典《重修政和经史证类备用本草》卷二十三有记载："其市货者多用杂色荔枝，入盐梅，暴之成。"意思是当时商贩喜欢用不同颜色的荔枝做成荔枝干，看起来五彩缤纷，卖相不错。

越梅：绍兴出产的杨梅。据南宋方志《嘉泰会稽志》，绍兴的杨梅肉大核小，皮色深紫，色香味俱佳，号称全国第一。

紫苏膏：将紫苏、肉桂、陈皮、甘草、良姜等药材磨成粉，加水煮沸，再加入熟蜜，慢火熬成稠膏。这道甜点既是小吃，又是药物，主治消化不良。

滴酥：拙著《宋朝饭局》第六章曾对这种甜点详加论证，它是一种花式点心，用奶油制成。宋朝人从牛奶中分离出奶油，掺上蜂蜜，掺上蔗糖，凝结以后，挤到盘子上，一边挤，一边旋转，一枚枚小点心横空出世，底下圆，上头尖，螺纹一圈又一圈，这就是滴酥，又名"滴酥鲍螺"。

介绍完以上甜点，我们再着重介绍其中的那道"荔枝膏"。

《东京梦华录》卷二《州桥夜市》介绍北宋开封夜市上的各类甜点时提到荔枝膏，《武林旧事》卷三《都人避暑》介绍南宋杭州西湖之上的避暑食品时也提到了荔枝膏，这说明荔枝膏无论在北宋还是在南宋都比较常见。

元代药典《御药院方》第二卷有荔枝膏方：

> 乌梅八两、肉桂十两、乳糖二十六两、生姜五两（取汁）、麝香半钱、熟蜜十四两，上用水一斗五升，熬至一半，滤去滓，下乳糖再熬，候糖化开，入姜汁再熬，滤去滓，俟少

时，入麝香，用如常法服。

乌梅去核，肉桂磨粉，将以上两种材料放入锅中，加水煮沸，熬到水剩一半，滤去渣滓，加入乳糖。待乳糖化开，再加入姜汁继续熬，熬到水剩一小半的时候，再过滤一遍，加入麝香，将锅里的汤汁熬成浓稠如膏的一小团。

很明显，荔枝膏主要是用乌梅和肉桂加工而成的，并不需要荔枝。既然不需要荔枝，为啥名字里还要带上荔枝呢？因为做出了荔枝的味道。就像最常见的那道川菜“鱼香肉丝”，配料时不用鱼，出锅后却有鱼味，所以叫“鱼香”肉丝。

事实上，宋朝还有些饮食跟荔枝膏一样，名字里含有荔枝，实际上没有荔枝。如《梦粱录》卷十三《团行》中有一道“荔枝汤”，这道汤实际上是用乌梅、肉桂、生姜、甘草和蔗糖熬煮而成的，因为熬出了荔枝味儿，所以才叫荔枝汤。《梦粱录》卷十六《分茶酒店》和《武林旧事》卷九《高宗幸张府节次》均提到一道名叫“荔枝腰子”的菜肴，这道菜肴也跟荔枝无关：将羊肾脏或者猪睾丸洗净，剥掉外膜，剔掉臊筋，剞出菱形交叉的细密纹路，再片成腰花，入锅爆炒。腰花一受热，迅速卷曲，表面上呈现出密密麻麻的颗粒状的小突起，极像荔枝的外壳，故此得名荔枝腰子。

从用料上看，荔枝膏确实有些名不副实，可是如果从做法上看，荔枝膏却是宋朝膏类甜点的一个典型代表。“膏类甜点”是我硬拟的概念，指的是做法和形状均与荔枝膏类似的甜点，例如木瓜膏、皂儿膏、橘红膏、紫苏膏、杨梅膏、瓜蒌煎等等食品

（这些食品散见于《武林旧事》和《东京梦华录》）。

前面说过，荔枝膏是用乌梅加上其他材料熬成的稠膏，而木瓜膏、皂儿膏、橘红膏等等膏类甜点同样也是用不同材料熬成的稠膏。

先说木瓜膏。将木瓜去皮去瓤，取果肉一斤，切碎捣泥，放入砂锅，用水煮沸，撇去浮沫，加麦芽糖，改成小火，边熬边用竹铲翻动，防止粘锅，持续熬上两个小时，锅里的木瓜汤会越来越稠，越来越稠，直到变成一小团可以扯出长丝的稠膏，才停火出锅。将这团稠膏装入干净并且干燥的小瓷瓶，封住瓶口，可以保存一个夏天。哪天口渴了，打开瓷瓶，用竹勺挖出一点点，放到碗里，滚水冲点，慢慢搅化，就是一碗浓香可口的木瓜汤。如果再冰镇一下，又爽又甜，更加可口，既解馋又解暑。

再说皂儿膏。皂儿即是皂角米，将皂角米用糖水浸泡，那是水晶皂儿，将皂角米熬成膏，那就是皂儿膏了。皂角米加水磨浆，倒入砂锅，先用大火烧开，再加入熟蜜或者麦芽糖，改成小火持续熬煮。熬煮的时候，同样要不停地翻搅、撇沫，直到汤汁变稠，稠汁成膏，停火出锅，入瓶存放。

紫苏膏在前文已经说过，橘红膏和杨梅膏的做法跟木瓜膏相同，无须赘述。瓜蒌煎名为“煎”，实际上也是“膏”：将熟透的瓜蒌取出果肉，捣成果泥，用清水搅成浆，烧沸后入麦芽糖同熬。

现代读者可能会表示不理解：杨梅、乌梅、木瓜、瓜蒌……都是富含维生素的水果，干吗要熬成膏呢？熬的时候干吗还要添加蜂蜜和麦芽糖呢？经过长时间熬煮，维生素统统被破坏掉了；

添加了蜂蜜和麦芽糖，本来含糖量不高的水果变成了三高食品，吃维生素变成了吃糖，这不是吃饱了撑的吗?

我们现代人担心的是高血糖，追求的是健康，宋朝人其实没这个顾虑。第一，宋朝虽富，生产力虽发达，但吃不饱饭的穷苦老百姓依然占据绝大多数，他们需要担心的是营养不足，而不是营养过剩，即使是钟鸣鼎食之家，也未必去考虑营养过剩的问题（例如司马光奉养其八十岁的哥哥司马旦，每天晚上必让其多吃肥肉，因为在当时士大夫心目中，老年人多吃肉才是幸福生活的标志）；第二，宋朝没有冰箱，只能用冰块来保存新鲜水果，普通人家为了延长瓜果的食用期限，只能采用蜜饯和熬膏等方式，而无法再考虑维生素破坏不破坏的小节；第三，如果您品尝过真正的膏类甜点，您就会发现它们具有新鲜水果所不具备的奇特风味。

我仿照宋朝古法做过一回“西瓜膏”：大西瓜一个，取汁一锅，烧沸，撇沫，倒入瓜瓤，熬得只剩一小碗，比果酱还要浓稠，不添加任何配料，却散发出浓郁的芳香。用小勺挖着尝上一口，其甜如蜜，其香也如蜜。

宋朝真有月饼吗?

我们豫东老家的规矩，八月十五以前必须把亲戚拜访完，过了十五就不能再去了，否则人家会把你关到门外。当然，三里不同风，十里不同俗，从我老家向北走不远，越过北宋时开挖的一条运河，那里的规矩就跟我们刚好相反，恰恰是等到十五以后才能去，十五前不兴走亲戚。

十五以前也好，十五以后也罢，去亲戚家必须拎着大包小包的礼物，而这些礼物里面自然少不了月饼。

豫东农民走亲戚，不从超市里买月饼，需要请人加工。怎么加工呢？一篮子鸡蛋，一桶食用油，一小袋面粉，七八斤糖，送到加工月饼的小作坊。作坊主人通常是小两口，男的蒸面、揉面、打模子，女的配馅、做皮、磕鸡蛋。将鸡蛋磕破，将蛋清蛋黄倒进一个不锈钢盆里，加糖搅拌，打到起泡，再掺入一批蒸过的面粉，做成饼皮。馅儿是现成的，有豆沙有莲蓉有五仁有冰糖，总之都是甜馅儿，顾客自己挑选，让作坊主包进饼皮里，做成饼坯，压进模子，模子里面和饼坯上面都用油刷满，推进烤箱里烤熟就行了。

大家从我刚才的描述里就能够猜到，这样加工的月饼非常简陋，造型不够精致，口感也不够酥软。不过豫东农民已经很满意了：第一，自己加工总比从超市里购买便宜；第二，这种月饼虽然不是很好吃，但是总比以前的月饼好吃。

所谓“以前的月饼”，指的是我小时候吃过的那种老式月饼。记得二三十年前，豫东还没有出现加工月饼的作坊，大家吃的月饼都是从乡镇供销社里买的，那真叫一个难吃之极。首先，饼皮太干，咬上一口，簌簌掉渣，个个都跟老婆饼似的。其次，皮太厚，馅太小，很多月饼甚至根本没有馅儿，就是一整块掺了冰糖和青红丝的死面疙瘩。有的读者可能不知道什么是青红丝，其实就是用橘子皮和颜料做的干丝，半寸来长，几毫米宽，干巴巴没有一点味道，放在月饼里纯粹只起点缀作用——它们鲜艳的色调可以给死气沉沉的死面疙瘩带来几丝活气。

最要命的是，这种老式月饼实在太硬，刚换牙的小孩子万万不能吃，否则很可能要用螺丝刀把崩掉的牙齿从月饼里取出来。记得上小学前我妈让我和我姐吃月饼，都要先把月饼放在笼屉上蒸一下，因为蒸过之后它就软了。还记得有一年过中秋，我跟我妈去姥姥家走亲戚，回到家才发现钥匙丢了，我妈站在门口束手无策，我一个劲儿怂恿她：“用月饼把锁砸开，用月饼把锁砸开！”

我第一次吃到真正靠谱的月饼已经是上大学以后的事情了，一位家在湖北的同学过完中秋回学校，给室友们捎来二斤月饼，分给我几块，我尝了一口，诧异地说：“咦，这是月饼吗？月饼哪有这么软啊！”再后来又吃到了更为酥软的苏式月饼和广式月饼，才知道月饼本来就该是这个样子，我小时候吃的月饼根本就不配叫月饼。

直到现在我也没有闹明白，为啥小时候的月饼会那么难吃。如果说当时太穷，人们买不起好月饼，那肯定不对。我问过我的湖北同学，他也是从偏远农村走出来的，父母也都是穷苦农民，可是他小时候从来也没有见过像我说的那样丑那样硬那样难吃的奇葩月饼。如果说当时的月饼制作工艺还不成熟，肯定也是不对的。现在我手头正有一本清朝末年的食谱，是光绪年间湖南官员袁学昌的太太写的，名曰《中馈录》，该书最后一节记载了当时的月饼制法：

> 用上白灰面，一半上甑蒸透，勿见水气；一半生者，以猪油和凉水和面。再将蒸熟之面全以猪油和之。用生油面一团，内包熟油面一小团，以擀面杖擀成茶杯口大，叠成方形，再擀为团，再叠为方形。然后包馅，用饼印印成，上炉炕熟则得矣。

一半生面，一半熟面，掺入猪油做成饼皮，月饼一定是酥软的。人家清朝末年就掌握了这样成熟的工艺，为什么到了新中国成立以后的豫东农村却学不会呢？

在《中馈录》之前还有一本清代食谱，是大名鼎鼎的袁枚所作的《随园食单》，其中也载有月饼制法：

> 用山东飞面作酥为皮，中用松仁、核桃仁、瓜子仁为细末，微加冰糖和猪油作馅，食之不觉甚甜，而香松柔腻，迥异

寻常。

“飞面”是用上等面粉筛出来的细面，加上冰糖、猪油与磨碎的干果，做出的月饼“香松柔腻，迥乎异常”，说明也是非常酥软的。

由于小时候吃了太多奇葩月饼的缘故，现在对于月饼我是这样要求的：别的不讲，口感一定要软。当然，好月饼除了软，还能做到软而不黏，甜而不腻，但是这些在我看来都不太重要。甜到发腻怕什么？人家月饼只是节令食品，又不是天天吃，腻就腻呗。

据说苏东坡写过一首关于月饼的诗，只有四句：“小饼如嚼月，中有酥与饴。默品其滋味，相思泪沾巾。”小巧精致的月饼，像月亮一样浑圆，里面包着奶油（酥）和糖稀（饴）。奶油很腻，糖稀很甜，放了奶油会很软，这种月饼我喜欢。如果我小时候正在提议用月饼开锁的时候忽然听到这首诗，那我一定会非常羡慕苏东坡，因为他吃到了如此美妙的月饼，而我不能。

可惜的是，苏东坡未必写过这样的诗。我的意思是说，这首关于月饼的诗极有可能是后人伪造的。

第一，这首诗根本不押韵，无论按照今韵还是按照古韵，它都不押韵。凭苏东坡的才华，他会水平低劣到去写一首不押韵的诗吗？

第二，1982年中华书局编撰《苏轼诗集》，2001年曾枣庄主编《三苏全书》，2004年孔凡礼付梓《三苏年谱》，已经将存世的所有东坡诗词都纳入囊中，其中《三苏全书》还专章收录了未能终篇的诗词以及可能是伪作的诗词，其中都没有这首所谓的月饼诗。

第三，从现存的宋朝食谱和风俗文献可以看出，宋朝人在中秋节期间并没有吃月饼的习俗。

南宋金盈之《新编醉翁谈录》载有《京城风俗记》，那时候过中秋，流行少男少女拜月，合家聚餐吃瓜果，餐桌上不见月饼。

宋元话本《错认尸》里也有都城市民过中秋的场景："忽值八月中秋节时，高氏交小二买些鱼肉、果子之物，安排家宴。"仍然不见月饼。

南宋遗老周密所作《武林旧事》中倒是出现了"月饼"一词，但是它出现在"蒸作从食"一章，与馒头包子放在一起，估计是蒸熟的，而不是像后来真正的月饼那样烤制而成。同书第三卷描写全年风俗，中秋期间仍然是赏月吃瓜果，餐桌上不见月饼。

文献中真正可以确证为月饼，可能要到明代北京县令沈榜所作的《宛署杂记》："士庶家俱以是月造面饼相遗，大小不等，呼为月饼。"以及明代崇祯年间太监刘若愚所作的《酌中志》："八月，宫中赏秋海棠、玉簪花。自初一日起，即有卖月饼者，至十五日，家家供奉月饼、瓜果。"

考证太无聊，咱还是回到月饼本身吧。我觉得宋朝时应该还没有出现真正的月饼，但是就凭宋朝人在制作面点和糕点方面的成熟技艺，他们完全有能力加工出真正的月饼。

且看南宋食谱《吴氏中馈录·酥饼方》：

油酥四两，蜜一两，白面一斤，溲成剂，入印，作饼，上炉。或用猪油亦可，蜜用二两尤好。

这里“油酥”可能是奶油，也可能是在蒸过的面粉里掺入猪油或者植物油以后揉成的酥软面团。四两油酥、一两蜂蜜、十六两白面，揉成面剂，放进模子，出模成型，上炉烤熟，除了没有馅儿之外，它已经是相当酥软相当香甜的月饼了。不过食谱作者还嫌它不够酥软和香甜，又建议将油酥换成猪油，并增加蜂蜜的分量。

第七章

宋宴探秘

皇上请客

说出来大家可能不信，宋朝也有圣诞节，只不过，跟现在日期不一样，不是12月25号，而是安排在皇帝生日那天——圣诞者，圣上诞辰是也。

两宋三百年，换了十几个皇帝，所以有十几个圣诞节。二月十六，宋太祖圣诞；十月初七，宋太宗圣诞；腊月初二，宋真宗圣诞；四月十四，宋仁宗圣诞；正月初三，宋英宗圣诞；四月初十，宋神宗圣诞……

圣诞是统称，具体到每一个皇帝，又有具体的名称。例如宋太祖圣诞叫“长春节”，宋太宗圣诞叫“乾明节”，宋真宗圣诞叫“承天节”，宋仁宗圣诞叫“乾元节”，宋英宗圣诞叫“寿圣节”，宋神宗圣诞叫“同天节”……

南宋第四个皇帝是宋宁宗，他在十月十九过圣诞，那天被称为“瑞庆节”。您看，长春、乾明、寿圣、瑞庆，都是很喜庆很吉利的字眼。

宋朝皇帝过圣诞，只要不打仗，不闹灾荒，都会在宫里大摆宴席，邀请文武百官来参加自己的生日宴会。宋宁宗当然也不例外，某年十月十九瑞庆节那天，他下旨邀请了临安城内所有六品以上的官员，其中包括岳飞的孙子岳珂。

那是岳珂第一次参加皇帝的生日宴会，他很激动，很兴奋。第一，他官小，只是司农寺主簿，相当于国家粮食局的副司级官员，平常没有资格面见皇帝；第二，由于南宋前期老是跟金国打仗，皇帝已经很多年没有搞过大型的生日宴会了。宋宁宗前面的宋光宗，宋光宗前面的宋孝宗，宋孝宗前面的宋高宗，都没有搞过，每年过圣诞，“百官皆称寿而退，无赐食七十年矣”（岳珂《桯史》，下同），只让百官拜寿，不请百官吃饭，连续七十年都是这样子。

那么长时间不搞，百官都忘了规矩，皇帝也忘了规矩。怎样拜寿？喝几杯酒？唱什么歌？跳什么舞？给皇上送什么生日礼物？大家统统不知道。幸亏还有档案可查，还有祖宗家法可以遵循。礼部官员一查档案，查到了宋太祖过圣诞时的宴会礼仪，于是就按照太祖创下的规矩走。

太祖是马上皇帝，性情豪爽而又粗疏，他黄袍加身，面南为君，第一次过圣诞，搞得非常率性：“一日长春节，欲尽宴廷绅，有司以不素具奏，不许，令市脯，随其有以进。”太祖圣诞，吩咐大宴群臣，有关部门奏道：“不行啊皇上，您没有让我们提前准备，百官来了没啥可吃啊！那么多官员都过来，现做肯定来不及。”太祖说：“不用现做，快给我上外面买去，买到啥就吃啥！”

于是乎，光禄寺的官员布置场地，御膳房的杂役摆上桌椅，内库里管酒的太监搬来酒水，同时又派出许多人到宫外酒店和饭摊上采购菜肴与主食。里面布置好了，百官也进宫了，太祖吩咐开宴，大家共同举杯。

宋朝凡正式饭局，喝酒与吃菜是严密配合的，每喝一杯酒，至少要换一道菜。太祖让大家举杯的时候，第一道菜居然还没买回来！在此危急时刻，几个聪明太监飞快地跑到存放宫廷果品的果子库，打开库房大门，搬出一大批苹果橘子核桃大枣之类的干鲜果品，用小盘分装，飞速端给太祖和百官。所以呢，太祖皇帝生日宴会上的第一杯酒和第二杯酒都是就着果子喝下去的。

喝第三杯酒时，外面的菜肴还没有买回来。前两杯酒上果子，第三杯难不成还上果子？也太单调乏味了吧？太祖让太监传旨御膳房："上旋鲊！"所谓旋鲊，是指现切现调的生鱼或者生肉，类似日本刺身。原来宋太祖想起了此前招待吴越国王钱俶时上的菜了——吴越王钱俶归降大宋，太祖设宴款待，为了让这位来自南方的哥们儿吃得合胃口，"宜创作南食一二，以宴飨之"（蔡绦《铁围山丛谈》，下同），让御厨赶紧想办法开发一两种具有南方特色的菜。御厨急了，"取肥羊为醢以献焉"。现宰了一只肥羊，仿照生鱼刺身的做法，做了几盘生羊刺身。不知道那天吴越国王是否喜欢这道菜，反正太祖自己吃得开心极了，因为他天生胃口好。

第一杯酒上了果子，第二杯酒上了果子，第三杯酒上了刺身，到第四杯酒，外卖终于送到，荤素冷热应有尽有，开始一道又一道往餐桌上端。

总而言之，太祖第一次生日宴会特别不讲究，但是这场不讲究的宴会却成了后任皇帝们过圣诞大多遵循的祖宗家法。用太祖的话讲："以昭示俭之训。"这样做是为了给天下臣民做表率，号召大家勤俭节约。

回过头来继续说宋宁宗。他的生日宴会准备充分，所有菜品都是在宫里现做。据岳珂描述，前三道菜和上菜秩序是这样的："侑食首以旋鲊，次暴脯，次羊肉，虽玉食亦然。"第一道下酒菜是刺身，第二道下酒菜是肉干，第三道下酒菜是羊肉。给百官上的是这三道菜，给宁宗上的也是这三道菜。只不过，宁宗用的餐具比百官高级："且一小楪，如今人家海味楪之制，合以玳瑁而金托之，封其两旁，上以黄纸书品尝官姓名以待进。"用小碟子来盛菜，碟子上面用玳瑁盖着，碟子下面用金盘衬着，外面还贴着黄纸，黄纸上写着品尝官的姓名。什么是品尝官？就是替皇帝试菜的人，试试菜里有没有毒。是的，那么大的生日宴会，万一混进去敌对势力怎么办？万一有人想暗害皇上怎么办？皇上的菜必须先让人试吃一回，才能保护皇上的安全。

前三道菜上完了，至于后面上什么菜，岳珂没有叙述，我们不敢妄猜。反正按宋朝皇家宴席的惯例，一席要么喝九杯酒，要么喝十五杯酒，即使按每喝一杯酒只换一道菜来算，至少也要上九道或者十五道菜。

读者朋友可能会觉得皇家宴席太小气——怎么只让喝九杯或者十几杯酒呢？宋朝又没有白酒，全是只发酵不蒸馏的低度酒，喝十几碗还差不多，十几杯根本喝不爽嘛！

其实皇帝请客就是这样，上下尊卑，品级贵贱，分得明明白白，礼仪比酒量重要得多，就怕有人喝醉失仪，既丢皇帝的脸，也丢自己的前程或者脑袋。

十几杯酒很容易喝完，但是皇帝绝对不会让你干喝酒，还要让你磕头拜寿，说吉祥话，看歌舞表演。比如说喝下第一杯酒，要看半个时辰的歌舞；端起第二杯酒，又来一场半个时辰的歌舞。节目慢慢看，酒慢慢喝，区区九杯酒也能你喝到太阳落山。

来，我们来看看岳珂对宁宗生日宴会上喝酒场面的描述。

岳珂说："太官供具毕集，无帘幕间隔，仅以寮灶刀机自随，绵蕞檐下。"宋朝有一个中央机构叫"殿中省"，殿中省下面设了一个专门在皇帝大宴群臣时提供饭菜的"太官局"。太官局的人带齐了菜刀菜板锅灶炒勺，直接在院子正中的空地上起火烧菜，没有搭棚子，没有隔屏风，百官坐在餐桌旁就看得见他们炒菜，就像现在的村宴一样。

百官的餐桌摆在哪里呢？四座大殿围成一个超级四合院，院子中间是太官局大厨炒菜的地方，东面是东偏殿的走廊，西面是西偏殿的走廊，南面是南配殿的走廊，北面是进正殿的阶梯，阶梯上有一座高高的平台，平台四周围着栏杆。宋宁宗的餐桌放在北面高台上，百官的餐桌则摆在东、西、南三面的走廊里。岳珂品级很低，只能在南面走廊里就座，级别高的官员则可以坐在东西两面的走廊里。

岳珂说，他们刚一落座，就有两个侍卫举着大牌子绕场一周，牌子上写金光闪闪的大字："辄入御厨房，流三千里。"临时设置的御厨房搬到院子正中了，大家只可远观不可亵玩，胆敢跑过去瞧稀罕，充军发配三千里。

岳珂又说："黼坐既御，合班拜舞用乐，伶人自门急趋折槛，以两檐为作止之节。"大家坐好了，皇上出来了，他老人家一落座，教坊司的演员们立即跑到高台下面表演节目。东西

配殿一角各站一名报幕员，一个负责报节目开始，一个负责报节目结束。

岳珂还说："每举酒，玳合自东庑入廊，馔继至。"看完一个节目，换一杯酒，皇上带头。皇上只要一举杯，太监就给他换一碟新菜，用玳瑁盖着，用金盘托着，从东面配殿走廊里端到皇上餐桌上。皇上换了菜，大家也跟着换菜。皇上举杯，大家也跟着举杯。皇上看节目，大家也跟着看节目。

由此看来，皇上请客会很累，被请的百官也很累。

大内饭局

话说丐帮帮主洪七公中了暗算，功力尽失，生命垂危，对两个徒弟说：“我只剩下一个心愿，趁着老叫花还有一口气，你们去给我办了吧。”女徒弟黄蓉含泪道：“师父请说。”洪七公道：“我想吃一碗大内御厨做的鸳鸯五珍脍。”老顽童在旁边说：“我倒有个主意，咱们去把皇帝老儿的厨子揪出来，要他好好地做就是。”洪七公却连连摇头，他说要想吃到正宗的鸳鸯五珍脍，最好还是溜到皇宫里去吃。

鸳鸯五珍脍究竟是什么样的美味佳肴，会惹得洪七公如此惦念呢？这个咱们将来再说，今天咱们先说说大内御厨。

“大内”自然是皇宫，“御厨”自然是皇宫里的厨房。宋朝皇宫里有很多厨房，到底哪个才是御厨？很简单，看招牌就行了。如果门口匾额上写着“堂厨”，那是给王公大臣做饭的厨房。如果写着“翰林司”，那是给翰林学士做饭的厨房。只有匾额上明明白白写着“御厨”两个字，那才是给皇帝做饭的地方。

没错，宋朝的御厨招牌就这么简单，上面不写“御膳房”，也不写“御厨房”，就只写“御厨”这俩字儿。

单看外观，御厨绝对不是皇宫里最大的厨房，但它一定是工作人员最多的厨房，因为光厨师就有两百个，此外还有三十个择菜、配菜、挑水和打扫卫生的杂役，三十个往皇帝餐桌上端茶送饭的服务员，以及四个专门给皇帝搭配食谱的营养师，加起来总共是二百六十四位。这两百多位工作人员的主要职责就是侍候好皇帝的饮食，连皇后都没有资格让他们侍候，除非奉有特旨。

那么皇后的饭菜由谁来做呢？跟宫里其他嫔妃一样，得自己安排。当然，我说后宫嫔妃自己安排饮食，不是指她们亲自掂勺（山东吕剧《下陈州》："听说那老包要出京，忙坏了娘娘东西宫，东宫娘娘烙大饼，西宫娘娘剥大葱……"那是戏曲，不是历史），而是说她们会安排手艺出众的太监和宫女来做，或者自己花钱从宫外雇厨子。后宫每月都有固定的工资，里面包含着雇厨子的钱。

御厨不给后宫做饭，其实正是后宫的福气，因为御厨里的厨子喜欢看人下菜碟，给皇帝烧菜很精心，给别人烧菜就免不了要偷工减料了。宋朝皇帝大宴群臣，有时候会让御厨上阵，结果呢，不是择菜择不净，就是每份菜肴的分量太少，本来按照采购数量，与宴大臣吃几顿都吃不完，可是饭菜一上桌，几筷子就划拉完了，"或至终宴之时，尚有欲炙之色"（《宋史》卷一百一十三），宴席结束了，肚子还是瘪的。

所以还是洪七公老爷子有经验，他一听老顽童周伯通要把皇帝老儿的厨子揪出来做鸳鸯五珍脍，就摇头说不行。为什么不行？怕偷工减料呗。

说完了御厨，再说说宋朝皇帝怎么吃饭。

宋朝皇帝的饮食生活有一个最大特色，那就是每天只有两顿正餐。《宋会要辑稿·方域志》记载两宋帝王饮食习惯，一般都是上午八九点钟让御厨做一顿饭，下午五六点钟再让御厨做一顿饭。中午呢？中午没有。

中午没有，只是说中午没有正餐，不代表到了中午不吃饭。宋朝皇帝早上起来，照例要吃些点心；晚上就寝，照例要来点儿夜宵；中午办完工，照例也要吃一顿。问题是，早上的点心、晚上的夜宵、中午的午饭，这三顿饮食在宋朝宫廷里统统都不能叫作正餐，只能叫作“泛索”。泛索的意思就是皇帝随时随地都可以取用的饭菜，它们属于非正式饮食。

非正式饮食吃起来简单，做起来也简单，大多数时候不是御厨做的，而是某个嫔妃让自己的厨子加工的。皇帝的厨子叫御厨，嫔妃的厨子叫“内厨”，内厨做饭没有御厨正式，没有御厨严格，没有两百多人一起上阵那样壮观，但是往往别具一格，可以让吃腻了御厨伙食的皇帝换换口味。

宋朝皇帝上午八九点钟和下午五六点钟那两顿正餐就很严肃了，吃一顿饭，好几拨人服务。首先需要御厨里的“膳工”给他烹调出各色佳肴，然后又需要“膳徒”给他端到跟前。端到跟前还不能算完，还得有人擦桌子、铺桌布、叠餐巾、布菜、倒酒，甚至在皇帝吃每道菜之前还得替他尝一口，以免有人下毒。后面这些活儿跟御厨已经没有关系了，全靠宫女来完成。

负责替宋朝皇帝尝菜的宫女有几十个，轮流值班，统称“尚食”；负责布菜倒酒打扫卫生的宫女也有几十个，也是轮流值班，统称“司膳”。曾经有不懂厨行的史学家断言司膳就是给皇帝做饭的厨师，错，司膳充其量只是些服务员罢了。

在这些大宋宫廷服务员当中，有一位堪称功德无量，我们不知道她姓甚名谁，也不知道她侍候过哪一个皇帝，只知道她在侍候皇帝吃正餐的时候，偷偷抄下了一份布菜清单。后来这份清单被命名为《玉食批》，从宋朝一直流传到今天，是咱们现代人观摩宋朝御膳的窗口。

根据那位司膳女士的记录，皇帝一顿正餐总共喝了十五杯酒。宋朝的酒水，度数很低，十五杯不算海量，可您知道皇帝总共叫了多少菜吗？三十道菜！

我的神，一下子叫三十道菜，该多大的餐桌才能摆得下？哦不，并不是呼啦一下全端上来，而是每喝一杯酒就上两道菜，每上一次新菜就把前两道菜撤下去。《玉食批》上写得清楚：

喝第一杯时，上“花炊鹌子”和“荔枝白腰子”。

喝第二杯时，换“奶房签”和“三脆羹”。

喝第三杯时，换“羊舌签”和“肚签”。

喝第四杯时，换“肫掌签”和“鹌子羹”。

……

喝到第十五杯，也就是最后一杯的时候，上“蛤蜊生”和“血粉羹”。

隔着千年历史迷雾往回看，这些宋朝菜名儿真是稀奇古怪，我花了五年时间查了无数文献，才慢慢弄清楚它们都是些什么东西，不过现在不忙着说，将来再一个一个详细介绍。现在我想说的是宋朝皇帝喝酒很有特色，不像吃中餐，倒像吃西餐，而且特像吃法式西餐。

众所周知，法式西餐每桌都有服务员和服务助手提供服务，宋朝皇帝喝酒则有尚食和司膳提供服务；法式西餐每上一道菜都得撤掉前面的菜，宋朝皇帝喝酒则是每上两道菜就撤掉前面的菜；法式西餐最讲究菜品和酒品相搭配，宋朝皇帝喝一杯换俩菜，酒品和菜品一样很搭配。让您自己说说，这宋朝皇帝吃饭像不像吃西餐？

我们现代人吃西餐，要的是一个安静，除了刀叉触碰盘子的声音和低低的交谈声，再就是轻松典雅的音乐。宋朝皇帝吃正餐的时候享受不到这份儿安静，因为教坊司的演员照例要在他面前吹拉弹唱。

特别是宋朝皇帝的生日宴会上，王公大臣必定要给他祝寿，祝寿之后必定要喝酒，喝酒的时候必定会有教坊司给皇帝表演节目，节目里必定少不了唱歌跳舞、弹奏乐器、玩魔术、演杂剧，同时也少不了向皇帝送上“致语”和“口号”。

致语容易理解，说穿了就是致辞，恭恭敬敬说一大堆吉祥话，祝皇帝福如东海长流水，寿比南山不老松，就像主婚人在婚礼上一本正经祝一对新人白头偕老一样。

口号不容易理解，它既不是革命口号，呼吁高举什么旗帜，坚持什么理论，团结什么队伍，发扬什么精神，坚决跟什么什么做斗争，也不是建设口号，发誓要创建什么和打造什么，它只是一堆像诗一样朗朗上口可是又不像诗词那样严守格律的韵文，简言之，就是顺口溜。

一年我逛泰安庙会，在庙会上见到一个乞丐，见了谁都能说出一串顺口溜。譬如他问官僚讨钱：“好领导，好干部，你对穷人要照顾。”问商贩讨钱：“正在走，抬头看，老板开家大商店，大商店，生意好，一天能赚俩元宝。”一边唱，一边用两块片铁片打拍子，现编现卖，非常敏捷。他这种顺口溜在北京叫“数来宝”，在我们豫东叫“巧坠子”，拿到宋朝则叫口号。

去宋朝酒馆喝一杯

武松打虎的故事，我们都知道。武松打虎之前，在路边一家小酒馆里喝了很多酒，我们也知道。

那家酒馆没有名字，但是有招牌，招牌是门口斜挑的一面旗，旗上写着五个字："三碗不过冈。"

现在的酒馆，用门上的匾额做招牌，用路边的灯箱做招牌，可是在唐宋元明诸朝，一般都是用旗帜做招牌。这面旗用竹竿高高挑起，材质一般用布，颜色一般是青色。辛弃疾老师说过："山远近，路横斜，青旗沽酒有人家。"他笔下的酒馆，门口挑的就是青旗。不过也有用白旗的，南宋笔记《容斋续笔》有云："今都城与郡县酒务，及凡鬻酒之肆，皆揭大帘于外，以青白布数幅为之。"青白布数幅为之，说明有的酒馆用青布，有的酒馆用白布。白布做旗，现在有投降的意思，宋朝没有。

既然用旗做招牌，旗上肯定要写字。写什么字呢？古装影视图省事，凡拍酒馆镜头，旗上多半只绣一个大大的"酒"字，但这不是真实的古代酒旗。在宋朝，至少在东京汴梁，正规酒馆的旗帜都很长，上面绣着好多字，内容要么是酒店名称，例如"孙羊正店""十千脚店"；要么是这家酒店主要售卖的酒水品牌，例如“新法羊羔酒”“生熟腊酒新酿”等。

宋朝大酒楼除了有酒旗，也有匾额，例如北宋开封最大的国营酒店樊楼的匾额就是“樊楼”，南宋杭州最大的民营酒店三元楼的匾额就是“三元楼”。宋末元初笔记《梦粱录》第十卷与《武林旧事》第六卷罗列了临安城里三十多家大酒楼，正门上都有匾额，例如“太和楼”“中和楼”“太平楼”“丰乐楼”“和乐楼”“和丰楼”“春融楼”“先得楼”……

南宋笔记《容斋续笔》上还记载：“微者随其高卑小大，村店或挂瓶瓢，标帚杆。”大酒楼挑大旗，小酒馆挑小旗，至于那些穷乡僻壤的鸡毛小店，连旗都没有，只在门口悬挂一只瓶子、一个瓢，或者斜插一把扫帚。瓶子是盛酒的，瓢是舀酒的。宋朝官营酒坊的酒水上市，普遍用瓶子分装，这种瓶子大肚小口，脖子细长，造型优美，用瓷器烧造，清代瓷器收藏家不明底细，给这种造型的酒瓶取名为“梅瓶”。酒馆门口用酒瓶和酒瓢做标志，那是理所当然，可是干吗要斜插一把扫帚呢？因为乡野小店本小利薄，多半售卖私自酿造的土酒，酒体浑浊，还漂浮着没有完全分解的米粒，唐朝诗人美其名曰“绿蚁”，宋朝诗人恶趣味，把这些漂浮的米粒叫作“浮蛆”。绿蚁也好，浮蛆也好，喝的时候总要滤掉。将酒缸里的土酒舀进酒壶，简单过滤，再倒进客人的酒杯里，这个过程叫作“筛酒”。怎么筛呢？最简单的方法就是在酒壶上面放一把用竹枝捆扎的扫帚，隔着竹枝往壶里舀酒，“浮蛆”就被“筛”出来了。读者诸君听了可能不信，可能还会觉得有些恶心。其实新扎的扫帚并不脏，记得我小时候，我们豫东老家收割小麦，天气炎热，农民焦渴，都是从扫帚上捋竹叶，放到大锅里煮一煮，用煮过的竹叶水解渴消暑。我祖父年轻时给人拉太平车（四个木轮的大车，转向时需要用木楔去撬车轮，非常笨重），从老家去县城拉煤，总共六十里路程，中途要歇两回脚，喝一顿酒。他说他们喝酒的小馆就在官道旁边，门口的标志就是一只笊篱和一把扫帚，笊篱表示有菜，扫帚表示有酒。

宋朝实行酒水专卖政策，正规酒坊均为官营，正规酒馆里卖的也都是官酒。民营饭店想卖酒，可以去官营酒坊批发，也可以通过大酒楼分销，甚至还可以从官府手中高价买曲，然后自己来酿，卖不完的也可以分销给其他饭店。有分销权的酒店叫作“正店”，从正店那里买酒的酒店叫作“脚店”，正店和脚店之间并没有隶属关系，只是一级经销商和二级经销商的关系。

单看法律条文，宋朝的酒水专卖非常严格，售卖私酒会被判处徒刑，还要罚没家产，分一半给举报人。但官府实际执行起来往往会网开一面，对乡野小店睁一只眼闭一只眼。第一，卖私酒的小酒馆太多，禁不胜禁，管不胜管；第二，宋朝统治者相对有人味儿，除非碰到宋徽宗那种混蛋皇帝，否则不会把老百姓逼到绝路，农民婚丧用酒，路边小店卖酒，基本上是可以自酿的，只要别太招眼就行。

《水浒传》中武松在路边那家小酒馆消费，喝的就是私酿。因为店家跟他明确说过：“我家的酒虽然是村里的酒，可是比得上老酒的滋味。”村里的酒，当然是私酿。陆游当年写《游山西村》：“莫笑农家腊酒浑，丰年留客足鸡豚。”那种农家腊酒自然也是私酿。私酿不合法，但是便宜，如果去都市里的大酒楼喝官酒，那就太贵了。

南宋笔记《都城纪胜》有云："大抵店肆饮酒，在人出著如何，只知食次，谓之下汤水，其钱少止百钱。五千者谓之小分下酒。"在临安城中饭店里消费，如果只点餐不喝酒，最少一百文就够了。如果叫些小菜，点些酒水，少说也要花上五千文。"散酒店谓零卖，百单四、七十七、五十二、三十八，并折卖外坊酒……却不甚尊贵，非高人所往。"（《都城纪胜》）升斗小民去低档小酒馆喝酒，有酒无菜，标价低廉，有一百零四文一碗的，有七十七文一碗的，有五十二文一碗的，有三十八文一碗的。

这种小酒馆虽说低档，毕竟在都市之中，酒钱里肯定包含昂贵的房租。像武松在乡野地面的小酒馆喝酒，花钱应该会更少一些。

宋朝的下酒菜

俗话说，无酒不成席，其实无菜更不成席。请客吃饭，没有酒还说得过去，没有菜绝对不行，否则餐桌上空空荡荡，几个人抱着酒瓶子咕咚咕咚干喝，或者端着大瓷碗呼里呼噜干吃，肯定没劲透顶。所以正常的宴席必须有酒有菜，喝一杯酒，吃几口菜，吃着喝着，这样才符合咱们中国人的饮食习惯。

宋朝人组织饭局，一样需要有酒有菜。菜分两类，一类是下酒用的，一类是下饭用的，酒席上的菜肴主要是下酒菜，不过宋朝没有下酒菜这个称呼，他们管下酒菜叫作“按酒”。

北宋大诗人梅尧臣写诗赞美竹笋：“煮之按酒美如玉，甘脆入齿馋流津。”他夸竹笋是最地道的下酒菜。南宋版本的《白蛇传》（原名《西湖三塔记》）里面，白娘子款待许仙（原始版本不叫许仙，叫奚宣赞），吩咐丫鬟收拾酒席：“快安排来与宣赞作按酒！”她的意思是让下人给许仙准备下酒菜。

我觉得“按酒”这个词儿非常形象。“按”是抑制的意思，喝一口辣酒，能辣到喉咙以下，胃里翻江倒海，酸不拉叽的感觉从下往上涌，必须吃一口菜才能把不断上涌的酒气“按”住。由此可见，宋朝人把下酒菜叫作“按酒”是非常写实的，这跟他们

把所有能在饥饿时安慰肠胃的非正式饭菜统统叫作“点心”是一样的道理——我们知道，点心的本义是指用零食来安慰一下嗷嗷待哺的胃嘴儿。

宋朝点心的种类太多，凡是在正餐以外吃的食物都可以叫作点心。宋朝下酒菜的种类也是琳琅满目，用最粗略的方法分，可以分成两大类，一类叫作“肴”，一类叫作“核”。肴是指菜肴，核呢，在古汉语里代指果品，包括橘子、苹果、梨子、桃子等水果，也包括西瓜、甜瓜、菜瓜、木瓜等瓜果。苏东坡在《前赤壁赋》里写道：“肴核既尽，杯盘狼藉。”意思是说酒都喝完了，用来下酒的菜肴和果盘也都吃得干净了，桌子上只剩一大堆空杯子和空盘子。

在现代宴席上，果品属于甜点，一般放到最后才上，这时候已经不再喝酒了，吃点儿水果是为了醒酒。但是宋朝人一入座就得上果盘，当时的果盘不是用来醒酒，而是用来下酒，所以果盘在宋朝属于下酒菜，而且还是正式宴席上必不可少的下酒菜。

南宋初年有四员大将：韩世忠、刘光世、张俊、岳飞。其中张俊在岳飞蒙冤的时候落井下石，取得了宋高宗的欢心，被封为清河郡王，朝廷还在临安给他盖了一所很大的别墅。别墅完工，宋高宗亲自登门做客，张俊受宠若惊，给皇帝和随驾群臣准备了一个非常丰盛的宴席。

在这场盛大的宴席上，首先上的是冷盘，有算筹形状的腌肉条子，有银锭形状的腌肉铤子，有腊肉，有腊虾，有腌菜瓜。其次上的就是果盘，包括葡萄、橄榄、金橘、椰子、柑子和莲子等。大家就着腌肉和水果随意喝了些餐前酒，然后那些正式的大菜才一盘一盘地端上桌。

当年武松被充军发配到河南孟州牢城营，金眼彪施恩款待他，让他住单人牢房，还让人给他送去酒菜："坐到日中，又送来四般果子、一只熟鸡、许多蒸卷儿、一注酒。"送了四个果盘给他下酒。《水浒传》写于元末明初，书里反映的并不全是宋朝的饮食风俗，也包括元朝或者明朝的特色，但是用果盘下酒这个规矩确实在宋朝很流行。

宋朝大学者沈括在他的百科全书式著作《梦溪笔谈》里描述过有钱人请客的场面："有群妓十余人，各执肴、果、乐器，妆服人品皆艳丽粲然。一妓酌酒以进，酒罢乐作，群妓执果肴者，萃立其前，食罢则分列其左右。"两个人喝酒，一群丫鬟侍候，有的端着菜肴，有的捧着果盘，有的拿着乐器，让客人随意点。这段描写再次证明用果盘下酒是宋朝的时尚。

跟今天相比，宋朝的运输手段比较落后，又缺乏让水果长时间保鲜的现代化设备，所以很难保证让每个地方的吃货都能在喝酒时尝到新鲜的果品。但是宋朝的干制技术和蜜饯工艺特别发达，大量鲜果被加工成"枣圈""梨圈""桃圈""梨条""山楂条""炒银杏""炒栗子""煎雪梨""柿膏儿""党梅"之类的干果和蜜饯，保质期很长，放上三五个月也不会变坏，所以即使在十冬腊月喝酒，一样能安排几十个果盘出来。

前面说过，宋朝的下酒菜分为"肴"与"核"这两大类，核即果盘，肴指菜肴。菜肴也能再分为两类：一类素菜，一类荤菜。

宋朝人爱吃肉（严守戒律的僧人、皈依佛门的居士以及南宋时在浙闽一带秘密活动的明教教徒并不吃肉，但这些人属于非主流，不代表大多数群众的饮食喜好），尤其爱吃肥肉。兴趣可以产生动力，喜好可以催生手艺，宋朝人烹调荤菜的技术空前发达。现代宴席上的荤菜，除了燕鲍翅，在宋朝差不多都能找到，包括火锅。南宋有一道菜叫“拔霞供”，其实就是兔肉火锅。

宋朝的素菜比荤菜还要丰富多彩，为了迎合那些吃不起肉食的低收入顾客，同时也为了满足那些坚持食素而又想在菜肴上换换花样的少数素食主义者，宋朝厨师发明了各种各样的仿荤食品。他们可以用蘑菇做成鳝鱼，用豆腐皮做成烤鸭，用莲藕做排骨，用冬瓜做肘子，用藕粉做火腿，用面筋做醋溜肉片，用山药做清蒸鲤鱼。看起来都是荤菜，栩栩如生，以假乱真，放进嘴里一尝，才知道是素的，但是顾客从中获得了新奇感和满足感。

宋朝人下酒还有一个最大的特色，既不是仿荤的素菜，也不是五花八门的果盘，而是用主食下酒。

据南宋大诗人陆游说，有一回他参加国宴，在座的都是高级官员，大家坐得很端正，吃得很庄严，在司仪的指挥下共同举杯，共同吃菜，动作整齐划一。每当大家共同喝完一杯酒的时候，侍者都会把餐桌上的菜肴撤下去，再端上一道全新的菜肴。那天与宴者各自喝了九杯酒，所以每张餐桌先后上了九道下酒菜。

这九道下酒菜具体是什么呢？

第一道“肉咸豉”，是先腌后煮然后晒干的羊肉丁。

第二道“爆肉双下角子”，是狭长的肉包子。

第三道“莲花肉油饼”，做法不详，看名字，想必是一种肉饼。

第四道“白肉胡饼”，也是一种肉饼。

第五道“太平饽饠”，又叫“太平饽饠干饭”，很多学者过去一直以为它是馅饼，事实上它是唐朝时期从中亚传过来的羊肉炒饭（到了明朝才演变成馅饼）。

第六道“假鼋鱼”，是用鸡肉、羊头、蛋黄、粉皮和木耳加工的一种象形食品，看起来是鳖，其实不是：鳖肉是鸡肉做的，鳖裙是黑羊头的脸肉做的，鳖背是一大片木耳，鳖腹是一小片粉皮。

第七道“柰花索粉”，是类似绿豆粉的一种粉干，滚水煮熟，用姜花作装饰。

第八道“假沙鱼”，做法不详。

第九道“水饭咸旋鲊瓜姜”，是用半发酵米汤调制的泡菜。

看完这九道菜，我觉得我能得出两个结论：一是南宋朝廷办国宴并不摆谱，差不多都是家常菜；二是那时候挺喜欢用主食下酒——以上九道菜里的肉饼、炒饭和包子都是主食。

大伙可能会认为用主食下酒很怪异，但是我尝试过，感觉也不是那么难以接受。中原地区有句民谚：饺子就酒，越喝越有。不用菜，直接用饺子来下酒，也是别有一番风味的。

我还试过用炒馒头下酒。把晒干的馒头掰碎，搁锅里快炒，边炒边洒盐水、泼蛋糊，炒得馒头粒粒松软、颗颗金黄，盛到盘子里，吃一粒炒馒头，喝一口老黄酒，那味道更是妙不可言。最重要的是，这样喝酒效率很高，酒喝足了，饭也饱了，真正叫作酒足饭饱。

最后一道送客汤

苏东坡在杭州做官时，办过一所慈善医院，取名“安乐坊”。穷人看不起病，可以到安乐坊看病；买不起药，可以去安乐坊抓药。

安乐坊有位医生，名叫方勺，读过书，会写文章，是个地地道道的儒医。这位儒医比较看好橘皮的疗效，他写文章说：

> 外舅莫强中知丰城县，有疾，凡食已，辄胸满不下，百方治之不效。偶家人辈合橘红汤，因取尝之，似有味，因连日饮之。一日坐厅事，正操笔，觉胸中有物坠于腹，大惊目瞪，汗如雨。须臾腹痛，下数块如铁弹子，臭不可闻。自此胸次廓然，其疾顿愈，盖脾之冷积也。抱病半年，所服药饵凡数种，不知功乃在一橘皮，世人之所忽，岂可不察哉?

方勺的岳父得了怪病，消化不良，不管吃啥，都堵在胃里下不去，怎么治都治不好，难受透了。有一天，家里仆人熬汤，岳父闻着味道不错，问是啥汤，仆人说是橘红汤。岳父说：“给我盛碗尝尝。”这一尝，咦，上瘾了，一连喝了好几天。几天以后，岳父正在办公，忽然觉得胃里咕噜噜乱响，明显感觉有东西从胃里往下滑，紧接着肚子一阵剧疼。不行，赶紧上厕所！从厕所出来，方岳父胃里空了，精神爽了，消化不良滚远了，吃多少服药都不见好的病，被一道橘红汤给治好了。

这么神奇的橘红汤是怎么做出来的呢？很简单："橘皮去瓤，取红一斤，甘草、盐各四两，水五碗，慢火煮干，焙捣为末，点服。"（方勺《泊宅编》卷八）一斤橘子皮、四两甘草、四两盐、五碗水，放锅里煮，小火煮干，把橘皮和甘草盛出来，先焙干，再捣成粉末，用开水冲匀，像喝中药汤剂一样喝下去。

方勺还说，如果只用橘皮和甘草，不放盐，同样是焙干捣碎，开水冲服，称为"二贤散"（橘皮是一贤，甘草是一贤，并称二贤）。橘红汤主治消化不良，二贤散则能化痰，世间庸医只懂用半夏、南星、枳实、茯苓来化痰，哪知道橘皮和甘草有更好的功效呢？

二贤散真的可以化痰吗？橘红汤真的主治消化不良吗？咱不懂中医，也没有做过大样本双盲检测，不敢相信，也不敢不信。宋朝人对这类汤剂倒是深信不疑，有病的时候照方服用，平常没病的时候也会拿它们当饮料喝。

《事林广记》别集有一节《诸品汤》，主要抄自宋朝药典《太平惠民和剂局方》，记载了木瓜汤、水芝汤、缩砂汤、无尘汤、荔枝汤、洞庭汤、木犀汤、香苏汤、橙汤、桂花汤、乌梅汤等十几种作为日常饮料的汤剂，现在我们来看看它们的具体制法。

木瓜汤：去过瓤的木瓜四两、烤过的甘草二两半、炒过的茴香一两、炒过的白檀一两、沉香半两、缩砂二两、干姜二两、白豆蔻半两，将以上材料碾成粉末，放到碗里，加点儿盐，用开水冲匀。据说这道汤祛风除湿，还能治糖尿病。

水芝汤：带皮带芯干莲子一斤、去皮微炒甘草一两。干莲子捣成碎末，甘草切细再碾成粉，两者混合，每次服用时捏出二钱，放到碗里，加点儿盐，开水冲服。据说这道汤的功效是通心气、益精髓。

缩砂汤：缩砂四两、乌药二两、炒过的香附子一两、烤过的甘草二两，以上材料碾磨成粉，加盐冲服，醒酒有奇效。

无尘汤：冰糖（宋朝称“糖霜”）二两、龙脑香三两。冰糖碾碎，筛出粉末，掺入龙脑香，再碾一遍，开水调匀喝下去。每次喝一碗，每次投放冰糖与龙脑香的剂量只要一钱，当时碾磨，当时冲匀，当时端给客人，当时让客人享用，不要提前做好，否则香气就没有了。这道汤有什么功效，《事林广记》没有写明，估计就是为了让客人享用那种又甜又香的感觉。

荔枝汤：去核乌梅四两焙干、干姜二两、甘草半两、官桂半两，以上材料弄成粉末，加入一斤半原糖（宋朝称“松糖”），搅拌均匀，用瓷罐装起来。家里来了客人，捏出一撮，开水冲匀，端出来飨客。

洞庭汤：太湖洞庭山上产的橘子一斤，剥开去核，然后连皮带瓤切成片。再来半斤生姜，也切成片。再来十二两盐，将橘片和姜片腌起来，腌三四天，拿出来晒，再搁锅里焙干，再碾成细末，再掺入三两甘草粉，搅拌均匀，瓷罐贮藏，每次取出一撮，开水冲服。

木樨汤：白木樨半开时，带枝摘下，每朵花蕊配两片白梅果，一片在上，一片在下，把木樨花夹在当中，层层叠叠塞到瓶子里，灌入生蜜，封瓶存放。过一段时间，白梅果浸透了木樨的香味，木樨花浸透了蜂蜜的甜味，开瓶取一朵，放在碗底，开水一冲，香气扑鼻，甜美如蜜，还能尝到白梅的酸味。

香苏汤：干枣一斗（约六斤），掰碎，去核。木瓜五个，去瓤，捣碎。紫苏叶子半斤，与碎干枣和碎木瓜放一块儿捣匀，摊在竹箩上，再把竹箩架在锅沿上，用滚水慢慢往下冲。哗啦啦，哗啦啦，带着瓜枣甜味和紫苏香味的水淋到了锅里。然后撤掉竹箩，盖上锅盖，烧火加热，慢慢熬制。锅里的水越来越稠，越来越稠，渐渐被熬成了稠膏（主要成分是果糖、果胶与少量的淀粉）。将稠膏盛入瓷罐，可以长期保存，待客时取出一点，开水冲服。

乌梅汤：乌梅三十颗，煮软，去核，捣成泥，滤净水分，用粗纱包住使劲拧，拧成一团黏稠的果泥。原糖一斤，甘松、藿香各一钱，三者入锅，加水熬煮，滤出渣滓，熬成稠膏（主要成分是糖浆）。将这些稠膏与乌梅的果泥放在一起，添入一盏姜汁、半两檀香，继续加水熬煮，冷却后，又形成一大团稠膏，盛入瓷罐，密封保存。饮用之时，方法同前，仍然是取出一点点放在碗底，开水冲匀再喝。

陆游说过宋朝人的待客风俗："客至则设茶，客去则设汤。"客人到家，先敬茶；客人告辞，再敬汤。现在我们豫东老家也有类似风俗，特别是红白喜事宴席，上菜前先给客人上茶，离席时再给大家上汤。上什么汤呢？以前是紫菜蛋花汤、玉米鸡蛋汤，前者咸，后者甜，两道汤一前一后上桌，作为宴席的收尾之作，现在则只剩一道"三狠汤"来收尾。三狠者，有醋、有蘑菇、有辣椒，很酸、很鲜、很辣是也。除了蘑菇和辣椒，三狼汤里一般也少不了蛋花，所以在我们那儿，无论紫菜蛋花汤、玉米鸡蛋汤还是三狼汤，都被称为“送客汤”，俗称“滚蛋汤”——所有明白人都知道，此汤一到，即宣告宴席结束。

宋朝送客汤没这么俗气。南宋朱彧《萍洲可谈》载：“今世俗，客至则啜茶，去则啜汤。汤取药材甘香者屑之，或温或凉，未有不用甘草者，此俗遍天下。”当时送客汤是用又甜又香的药材为主料，并且都要加入甘草，将不同的药材按照合适的比例进行配伍，弄成粉末（屑之），热水冲服，全国到处都是这样。按照朱彧的描述，本文开头方勺岳父饮用的橘红汤就属于送客汤，《事林广记》中收录的木瓜汤、水芝汤、缩砂汤、荔枝汤、洞庭汤也属于送客汤。

送客汤的口味有甜有咸，甚或兼具甜咸，不管它们是什么口味，其加工方法与饮用方法都有明显的宋茶特色。也就是说，宋朝人送客的汤跟他们待客的茶非常相似。

宋人制茶，制的是蒸青研膏茶。新鲜茶叶漂洗干净，放入蒸笼蒸到发黄，取出摊凉，捣成稠膏，榨出苦汁，加水研磨，直到苦涩成分消失大半，再入模压成小茶砖，最后进行烘焙和包装。

再看他们加工的汤剂，又是舂捣，又是碾磨，又是烘焙，又是熬煮，是不是很像做宋茶的手法？汤剂的成品不是稠膏就是粉末，饮用时还要加水冲匀，是不是很像喝宋茶的过程？在宋朝俗语中，茶与汤几乎是不分家的，侍候起居的仆人叫“茶汤人”，给人小费叫“茶汤钱”，或许正是因为他们做茶很像做汤，喝汤很像喝茶吧？